普通高等学校"十四五"规划力学类专业精品教材

基础力学实验教程

主　编　张　俊　　宋秋红　　田中旭
副主编　兰雅梅　　袁军亭　　贾　楠　王　斌

华中科技大学出版社

中国·武汉

内 容 简 介

本书共七章。第一章为绪论。第二、三章为设备操作实验,主要介绍材料力学和流体力学的21项基本操作实验。第四章为理论力学仿真分析实验,介绍了利用 ADAMS 软件进行多体运动学和动力学分析的 5 项实验。第五至七章为基础力学虚拟仿真实验,介绍了材料力学、流体力学、理论力学的 28 项虚拟仿真实验。本书附录给出了实验数据误差分析和数据处理、量的国际单位制单位及换算、力学相关实验报告。

本书较系统地介绍了基础力学课程的实验内容、原理及操作步骤,可供机械、力学、建筑、能源、航空航天类等专业的学生和相关科研人员参考。

图书在版编目(CIP)数据

基础力学实验教程/张俊,宋秋红,田中旭主编.—武汉:华中科技大学出版社,2023.1
ISBN 978-7-5680-8912-8

Ⅰ.①基… Ⅱ.①张… ②宋… ③田… Ⅲ.①力学-实验-教材 Ⅳ.①O3-33

中国版本图书馆 CIP 数据核字(2022)第 238089 号

基础力学实验教程
Jichu Lixue Shiyan Jiaocheng

张　俊　宋秋红　田中旭　主编

策划编辑:王　勇
责任编辑:李梦阳
封面设计:刘　婷　廖亚萍
责任监印:周治超
出版发行:华中科技大学出版社(中国·武汉)　　电话:(027)81321913
　　　　　武汉市东湖新技术开发区华工科技园　　邮编:430223
录　排:武汉市洪山区佳年华文印部
印　刷:武汉市洪林印务有限公司
开　本:710mm×1000mm　1/16
印　张:15.5
字　数:318 千字
版　次:2023 年 1 月第 1 版第 1 次印刷
定　价:49.80 元

前　　言

目前,国内很少见到包括数值仿真分析和虚拟仿真实验的基础力学实验教材,随着"课堂理论教学＋设备操作实验＋虚拟仿真实验"教学模式的不断应用,传统力学类实验教程难以满足实际教学需求,本书正是为了满足这方面的需要而编写的。

理论力学、材料力学、流体力学等课程是诸多工科专业的基础课程,学好力学课程对于学生掌握本专业知识、提升解决实际问题的能力十分重要。特别是,在当今工程教育认证背景下,要求高校从学生的需求出发,强化实践育人环节,持续改进教学方法。因此,实验教学模式改革势在必行。本书编写人员在基础力学教学实践中,逐步探索出了"课堂理论教学、虚拟仿真实验教学、真实实验教学"相互结合、相互补充的教学模式,取得了较好的实际应用效果。本书主要参考了现有的基础力学操作实验教学内容,在此基础上,新增了 ADAMS 软件仿真分析和虚拟仿真实验内容。

本书共七章,涵盖了材料力学、理论力学、流体力学三门力学课程的三大类实验,包括:设备实操实验、软件设计与仿真分析实验、虚拟仿真实验。主要实验内容如下。

一、设备实操实验

(1) 材料力学设备操作实验(11 项):拉伸实验、压缩实验、扭转实验、等强度梁实验、纯弯曲梁实验、弯扭组合梁实验、同心拉杆实验、偏心拉杆实验、剪切模量测定实验、压杆实验、叠梁实验。

(2) 流体力学设备操作实验(10 项):雷诺实验、能量方程实验、动量定律实验、沿程水头损失实验、局部水头损失实验、静水压强特性实验、文丘里流量计实验、毕托管测速实验、虹吸原理实验、空化机理实验。

二、软件设计与仿真分析实验

理论力学仿真分析实验(5 项):承载结构的静力学平衡分析实验、曲柄滑块机构的运动学分析实验、双摆杆机构的动力学分析实验、定轴轮系和行星轮系传动设计实验、六杆组合机构动力学分析实验。

三、虚拟仿真实验

(1) 材料力学虚拟仿真实验(8 项):拉伸实验、压缩实验、扭转实验、弯曲与扭转组合变形实验、梁弯曲正应力实验、弹性模量与泊松比电测实验、压杆实验、冲击实验。

(2) 流体力学虚拟仿真实验(10 项):雷诺实验、伯努利方程实验、直管沿程阻力系数测定实验、直管局部阻力系数测定实验、动量方程实验、文丘里管流量实验、毕托管标定实验、卡门涡街实验、高低温流体混合实验、风洞实验。

　　（3）理论力学虚拟仿真实验（10 项）：摩擦力实验、刚体碰撞实验、单摆实验、简支梁结构模态分析实验、质心与转动惯量测量实验、自由振动实验、转子动刚度和动反力实验、科氏惯性力演示实验、四连杆机构演示实验、机构运动演示实验。

　　本书较系统地介绍了基础力学课程的实验内容、原理及操作步骤，并且附录给出了实验数据误差分析和数据处理、量的国际单位制单位及换算、力学相关实验报告。本书可供机械、力学、建筑、能源、航空航天类等专业的学生和相关科研人员参考。

　　本书的出版得到了上海海洋大学的资助，感谢上海海洋大学力学教研室的全体教师。此外，华中科技大学出版社对本书的出版也给予了极大支持，在此深表感谢。

　　由于作者水平有限，书中难免存在不足与疏漏之处，恳请广大读者批评指正。

编　者

2022 年 10 月

目　录

第一章　绪　　论

中共中央、国务院印发的《关于加强和改进新形势下高校思想政治工作的意见》明确提出：高校要坚持全员全过程全方位育人，把思想价值引领贯穿教育教学全过程和各环节。这就要求高校以立德树人为根本，以社会主义核心价值观为引领，在传授学生专业知识的同时，注重引导学生坚持正确的政治方向和价值取向，将"教书"和"育人"紧密联系起来，促进知识传授和思想价值引领的相互渗透。基础力学课程作为工科学生的专业基础课，主要包括《流体力学》《材料力学》《理论力学》等。力学具有概念性强、抽象性强、应用性强等特点。力学实验教学，是理论教学中必不可少的手段，可以帮助学生掌握有关力学课程的理论内容，是培养工程技术人才科学素养、创新能力的有效途径。

本书包括流体力学、材料力学、理论力学三门课程的实验内容，涵盖了设备实操实验、软件设计与仿真分析实验、虚拟仿真实验。在教学实践中，形成了"理论教学＋虚拟仿真＋操作实验"相互结合、相互补充的教学模式。《工程教育认证标准》明确要求应增加设计性、综合性实验，减少认知性、验证性实验。教学团队基于成果导向教育（outcome based education，OBE）理念，改革传统实验教学内容，充分利用虚拟仿真实验和软件设计与仿真分析实验的教学资源，弥补了真实实验条件、实验成本、交互性、提高学生积极性和安全性等方面的诸多不足，解决了传统"做不上、做不了"的实验教学问题，极大地提高了学生的学习兴趣和参与性。通过增加设计性、综合性虚拟仿真实验项目，为基础力学课程体系持续改进奠定了重要基础。

第一节　基础力学实验教学改革思路

在互联网和信息技术的时代背景下，培养复合型、实践型创新创业人才已成为高等教育教学改革面临的重要任务。2017年，教育部办公厅发布《教育部办公厅关于2017—2020年开展示范性虚拟仿真实验教学项目建设的通知》，决定在高校实验教学改革和实验教学项目信息化建设的基础上，开展示范性虚拟仿真实验教学项目建设工作。根据相关要求，希望学校能建立一批符合：以学生为中心的教学理念、准确适宜的教学内容、创新多样的教学方式方法、持续改进的实验评价体系、显著示范的实验教学效果要求的虚拟仿真实验室。2018年，教育部、财政部、国家发展改革委印发的《关于高等学校加快"双一流"建设的指导意见》强调要深入推进信息技术与高等教育实验教学的深度融合，不断加强高等教育实验教学优质资源建设与应用，着力提高高等教育实验教学质量和实践育人水平。当前背景下，基础力学实验的改革思路如下。

1. 以学生为中心,构建"虚实结合"的教学模式

过去以每个学生上交的实验报告确定学生的实验项目成绩不符合《工程教育认证标准》的要求,必须要注重学生在每一个实验中学习的全过程,注重每个学生的目标达成。在学生的实验学习过程中的"预习、问题、实验、报告"四个环节上,突出以学生为中心,自主学习为主,教师全程的导引为辅,每个环节要有明确的标准要求。因此每个实验项目都要有大量的微课、虚拟仿真实验、在线课程、雨课堂等现代教学资源引入实验平台。实体实验要结合虚拟仿真实验,有针对性地引入新的混合式教学手段,能够满足学生自主学习和师生互动交流的要求,大大提升开放式、创新性实验教学质量,把有限的实验空间无限扩大。

2. 以专业认证为导向,增加设计性、综合性实验

《工程教育认证标准》中明确提出工科实验教学中应增加设计性、综合性实验,减少认知性、验证性实验。通过引入虚拟仿真实验,构建逼真的实验操作环境和实验对象,使学生在开放、自主、交互的虚拟环境中开展高效、安全且经济的实验,进而获得实体实验不具备或难以实现的教学效果,并切实地解决学生多与实验设备少的矛盾。另外,增加设计性实验、综合性实验,不仅能够培养和提高学生的实践和创新能力,还能为工程教育认证背景下课程体系的持续改进奠定重要基础。

3. 依托虚拟仿真实验平台,完善学生综合素质评价体系

建立实际操作实验、虚拟仿真实验和理论授课相结合的"虚实结合"教学体系,完善教学大纲、授课教案、微课、实验视频、在线课程、教材、习题库、实验指导等内容。在此基础上,逐步充实、完善学生综合素质评价体系,全面、客观、科学、合理地评价学生的基础力学素质,充分调动学生的学习积极性和参与性。

第二节　基础力学实验的教学内容

本书涉及的实验包括设备实操实验、软件设计与仿真分析实验、虚拟仿真实验。

1. 设备实操实验

(1) 材料力学设备操作实验(11 项):拉伸实验、压缩实验、扭转实验、等强度梁实验、纯弯曲梁实验、弯扭组合梁实验、同心拉杆实验、偏心拉杆实验、剪切模量测定实验、压杆实验、叠梁实验。

(2) 流体力学设备操作实验(10 项):雷诺实验、能量方程实验、动量定律实验、沿程水头损失实验、局部水头损失实验、静水压强特性实验、文丘里流量计实验、毕托管测速实验、虹吸原理实验、空化机理实验。

2. 软件设计与仿真分析实验

理论力学仿真分析实验(5 项):承载结构的静力学平衡分析实验、曲柄滑块机构的运动学分析实验、双摆杆机构的动力学分析实验、定轴轮系和行星轮系传动设计实验、六杆组合机构动力学分析实验。

3. 虚拟仿真实验

(1) 材料力学虚拟仿真实验(8 项):拉伸实验、压缩实验、扭转实验、弯曲与扭转组合变形实验、梁弯曲正应力实验、弹性模量与泊松比电测实验、压杆实验、冲击实验。

(2) 流体力学虚拟仿真实验(10 项):雷诺实验、伯努利方程实验、直管沿程阻力系数测定实验、直管局部阻力系数测定实验、动量方程实验、文丘里管流量实验、毕托管标定实验、卡门涡街实验、高低温流体混合实验、风洞实验。

(3) 理论力学虚拟仿真实验(10 项):摩擦力实验、刚体碰撞实验、单摆实验、简支梁结构模态分析实验、质心与转动惯量测量实验、自由振动实验、转子动刚度与动反力实验、科氏惯性力演示实验、四连杆机构演示实验、机构运动演示实验。

图 1-2-1 所示为上海海洋大学机械大类课程群虚拟仿真实验室场景。该实验室占地面积为 138 平方米,资产总值为 300 余万元。主要硬件设备包括:zSpace 桌面沉浸式虚拟仿真设备及虚拟现实(virtual reality,VR)头戴式虚拟仿真设备 22 套;高性能计算机 80 台;虚拟仿真计算机专用组件 80 件等。该实验室开发了力学、机械、海洋工程三大类共 57 项虚拟仿真实验,并建立了具有开放性、交互性、兼容性的实验教学管理网站。

图 1-2-1　上海海洋大学机械大类课程群虚拟仿真实验室场景

机械大类课程群虚拟仿真实验网站如下：https://vlab.shou.edu.cn。账号为：teacher；密码为：Rainier！2019。也可扫以下二维码进入该网站。

海洋新能源发电虚拟仿真实验系统网站如下：http://www.xlsjfy.moocmooe.com/xlsjfy。也可扫以下二维码进入该网站。

依托机械大类课程群虚拟仿真实验教学平台，力学教学团队形成了"基础课—专业课—实践课"紧密结合的基础力学实验教学体系。目前，通过修订教学大纲并引入虚拟仿真实验，运用"虚实结合"教学体系的专业涵盖上海海洋大学机械设计制造及其自动化、电气工程及其自动化、热能与动力工程、工业工程、物流工程等本科专业，为强化学生实践和创新能力培养提供了重要保障。

第三节　基础力学实验的特点及要求

力学课程的特点就在于它所研究的问题与工程实际相结合，学习力学课程离不开实验环节，加强实验环节是学好力学课程最直观、最有效的方法。

1. 实验须知

（1）实验前认真预习，要理解实验主要涉及的理论内容，并了解实验目的、实验内容和实验步骤，要知晓所使用的机器和仪器的基本原理。

（2）按时完成规定的实验项目，因故不能参加者提前和教师联系，确定补做时间。

（3）在实验室里，必须自觉遵守实验室规则及机器和仪器的操作规程，不是本次使用的机器和仪器不能随意乱动。

（4）实验室内严禁嬉笑打闹、携带饮料食品，实验时相互配合，密切观察实验现象，记录所需的测量数据。

（5）按时提交实验报告，并附原始记录；字迹要求整齐和清晰，数据书写要求用印刷体，问题讨论要认真思考、回答。

（6）实验结束后，仪器设备、桌椅恢复原位，指定学生值日打扫卫生。

2. 实验报告的书写

实验报告是对实验的总结，应当包括下列内容。

（1）实验名称、实验日期、指导教师、实验者及同组人姓名。

（2）实验目的、原理、装置。

（3）使用的机器和仪器，应注明名称、型号和精度（或放大倍数）等。

（4）实验数据及其处理结果。

在记录纸（见每个实验指导最后）上填入测量数据。填表时，要注意实验测量单位。此外，还要注意仪器本身的精度。

（5）计算。

在计算中所用到的公式均须明确列出，并注明公式中各种符号所代表的意义。运用计算器计算时，须注意有效数字的问题。

（6）结果的表示。

在实验中，除根据测得的数据整理并计算实验结果外，有的要求用图表来表示实验结果。

（7）对实验结果的分析。

说明本实验的优缺点、主要结果是否正确，对误差加以分析，并回答指定的问题和讨论题。

实验数据误差分析和数据处理、量的国际单位制单位及换算、力学相关实验报告详见本书附录。

第二章 材料力学设备操作实验

第一节 拉 伸 实 验

拉伸实验是在静载荷作用下测定材料力学性能的一个最基本的重要实验。这不仅是因为拉伸实验简便易行,测试技术较为成熟,更重要的是因为在拉伸实验中得到的屈服强度、抗拉强度、延伸率、截面收缩率等力学性能指标,是工程中强度和刚度计算的主要依据,也为工程设计中的材料选择提供了数据。本实验将选用低碳钢和铸铁作为常温、静载荷下塑性和脆性材料的代表,分别进行实验。

一、实验目的

(1) 了解电子万能试验机的构造及工作原理,熟悉其操作规程和正确的操作方法。

(2) 通过对低碳钢和铸铁这两种性能不同的材料在拉伸破坏过程中的观察和对实验数据、断口特征的分析,了解它们的力学性能特点。

(3) 测定低碳钢的弹性模量 E,强度指标 σ_s、σ_b,以及塑性指标 δ、ψ;测定铸铁的强度极限 σ_b。

二、实验设备

CSS-4400 电子万能试验机、电子引伸仪、游标卡尺。

三、试样标准与测量

1. 试样标准

为了使实验结果具有可比性,试样应按统一规定加工成标准试样。按现行国家标准,金属拉伸试样的形状根据产品的品种、规格以及实验目的的不同而分为圆形截面试样、矩形截面试样、异形截面试样和不经机加工的全截面形状试样四种。其中最常用的是圆形截面试样和矩形截面试样。

本实验取圆形截面试样。如图 2-1-1 所示,试样由平行、过渡和夹持三部分组成。平行部分的实验段长度 L_0 称为试样的标距。根据试样的标距 L_0 与横截面面积 A 之间关系的不同,试样分为比例试样和定标距试样。圆形截面比例试样通常取 L_0 =$5d$ 或 L_0=$10d$(拉伸过程中试样的直径),其中,前者称为长比例试样(简称长试样),后者称为短比例试样(简称短试样)。定标距试样的 L_0 与 A 之间无上述比例关系。

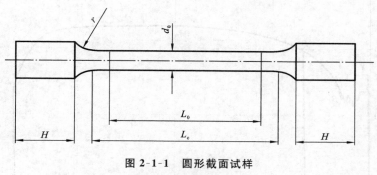

图 2-1-1　圆形截面试样

注:d_0 为试样的初始直径。

过渡部分以圆弧与平行部分光滑连接,以减少应力集中,其圆弧半径 r 依试样尺寸、材质和加工工艺而定,对于 $d_0=10$ mm 的圆形截面试样,$r>4$ mm。试样两端头部形状依电子万能试验机夹头形式而定,要保证拉力通过试样轴线而不产生附加弯矩,其长度 H 至少为夹具长度的 3/4。中部平行长度 $L_c>L_0+d$。为测定断后伸长率 δ,要在试样上标出原始标距 L_0,可采用划线或打点法,标出一系列等分格标记。

2. 试样测量

取试样实验段的两端和中间共三个截面,每个截面在相互垂直的方向各量取一次直径,取其算术平均值作为该截面的平均直径,再取这三个平均直径的最小值作为被测试样的原始直径。

四、实验原理

1. 测定低碳钢的弹性模量 E

低碳钢是工程上广泛使用的材料。低碳钢一般是指含碳量在 0.3% 以下的碳素结构钢。本次实验采用牌号为 Q235 的碳素结构钢,其含碳量为 0.14%~0.22%。把试样安装在电子万能试验机上进行拉伸实验,拉力由负荷传感器测得,位移由光电编码传感器测得,变形量由安装在试样上的电子引伸仪测得。由于负荷传感器、光电编码传感器和电子引伸仪都通过数字控制器与计算机相连,因此,低碳钢拉伸时的力和变形量曲线(见图 2-1-2)直接反映在显示器上,并保存于计算机中。

弹性模量 E 是材料在线性弹性范围内的轴向应力 σ 与轴向应变 ε 之比,即

$$E=\frac{\sigma}{\varepsilon}=\left(\frac{F}{A_0}\right)\bigg/\left(\frac{\Delta L}{L_0}\right)=\frac{FL_0}{\Delta L A_0} \tag{2-1-1}$$

可见,在比例极限内,对试样施加拉伸载荷 F,并测出标距 L_0 对应的伸长量 ΔL,即可求得弹性模量 E。若能精确绘出拉伸曲线,即 $F\text{-}\Delta L$ 曲线,则也可计算出弹性直

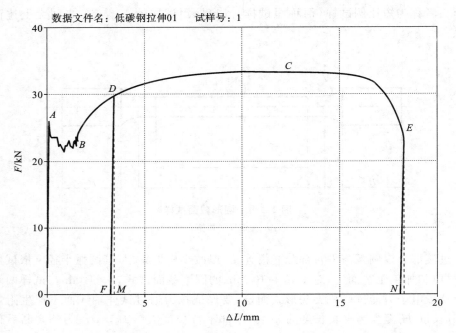

数据文件名：低碳钢拉伸01　　试样号：1

图 2-1-2　低碳钢拉伸时的 $F\text{-}\Delta L$ 曲线

线段的斜率 $\dfrac{F}{\Delta L}$，其再乘以 $\dfrac{L_0}{A_0}$ 即得低碳钢的弹性模量 E。

2. 测定低碳钢拉伸时的强度和塑性指标

材料开始屈服时，立刻取下电子引伸仪，持续缓慢加载直至试样拉断，同时记录 $F\text{-}\Delta L$ 曲线，以测出低碳钢在拉伸时的力学性能。

1）强度指标

屈服应力（屈服点）σ_s 是在拉伸过程中载荷不增加而试样仍能继续发生变形时的载荷（即屈服载荷）F_s 除以原始横截面面积 A_0 所得的应力，即

$$\sigma_s = \frac{F_s}{A_0} \tag{2-1-2}$$

抗拉强度 σ_b 是试样在拉断前所承受的最大载荷 F_b 除以原始横截面面积 A_0 所得的应力，即

$$\sigma_b = \frac{F_b}{A_0} \tag{2-1-3}$$

低碳钢是具有明显屈服现象的塑性材料，在加载过程中，实验进行到图 2-1-2 所示 $F\text{-}\Delta L$ 曲线上 A 点以后，出现一段比较平坦的波浪线，表明此时荷载在不再增加的情况下，试样继续伸长，材料失去抵抗变形的能力，产生屈服，材料进入屈服阶段（AB 段）。在该阶段最大载荷对应的应力为上屈服强度，它受变形速度和试样形状的影响

较大,一般不作为强度指标。将屈服期间初始瞬时效应以后的最小载荷 F_{sL} 除以试样的原始横截面面积 A_0,得到的下屈服强度 σ_{sL},通常作为工程设计的依据。

$$\sigma_{\text{sL}} = \frac{F_{\text{sL}}}{A_0} \tag{2-1-4}$$

经过屈服阶段,力又开始增加,曲线呈上升趋势,说明材料结构组织发生变化,得到强化,需要增加载荷,才能使材料继续变形。随着载荷的增加,曲线斜率逐渐减小,直到 C 点,达到峰值,该点为抗拉极限载荷,即试样所能承受的最大载荷 F_{b}。

当载荷最大时,在试样的某一部位局部变形加快,截面明显收缩,即颈缩现象,随后试样很快被拉断。颈缩现象是材料内部晶格剪切滑移的表现。

2）塑性指标

断后伸长率 δ 是试样拉断后,原始标距部分的伸长量与原始标距的百分比,即

$$\delta = \frac{L_1 - L_0}{L_0} \times 100\% \tag{2-1-5}$$

式中:L_0 为试样的原始标距;L_1 为将拉断的试样对接起来后两标点之间的距离。

试样的塑性变形集中产生在颈缩处,并向两边逐渐减小。因此,断口的位置不同,标距部分的塑性伸长量也不同。若断口在试样的中部,发生严重塑性变形的颈缩段全部在标距部分内,标距部分就有较大的塑性伸长量;若断口距标距端点很近,则发生严重塑性变形的颈缩段只有一部分在标距部分内,另一部分在标距部分外。这种情况下,标距部分的塑性伸长量就小。因此,断口位置对伸长量有影响。为避免这种影响,实验前将试样的标距分为 10 等份。当断口到最邻近标距端点的距离大于 $L_0/3$ 时,直接测量断后标距;当断口到最邻近标距端点的距离小于或等于 $L_0/3$ 时,需采用断口移中的方法。具体方法如下:在长段上从拉断处 O 点取基本等于短段的格数,得 B 点,此时若剩余格数为偶数(见图 2-1-3(a)),取剩余格数的一半得 C 点;若此时剩余格数为奇数(见图 2-1-3(b)),取剩余格数减 1 后的一半得 C 点,加 1 后的一半得 C_1 点,从而得到移位后的断后标距 L_1,分别为

$$L_1 = \overline{AB} + 2\,\overline{BC} \quad \text{(当剩余格数为偶数时)} \tag{2-1-6}$$

$$L_1 = \overline{AB} + \overline{BC} + \overline{BC_1} \quad \text{(当剩余格数为奇数时)} \tag{2-1-7}$$

测量时,两段在断口处应紧密对接,尽量使两段的轴线在一条直线上。若在断口处形成缝隙,则此缝隙应计入 L_1 内。如果断口在标距部分以外,或者虽然在标距部分以内,但是与标距端点之间的距离小于 $2d$,则实验无效。断面收缩率 ψ 是试样拉断后在断裂处横截面面积的最大缩减量与原始横截面面积的百分比,即

$$\psi = \frac{A_0 - A_1}{A_0} \times 100\% \tag{2-1-8}$$

式中:A_1 为拉断后的试样最小横截面面积。在断口按原试样沿同一轴线对接后,在颈缩最小处两个相互垂直的方向上测量其直径,取二者的算术平均值,即可测得 A_1。

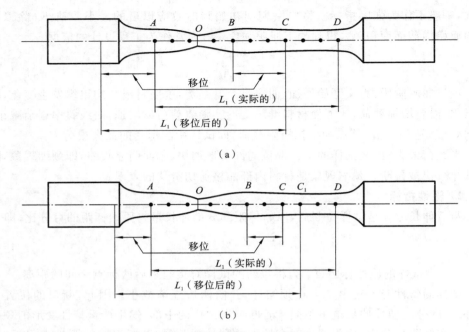

图 2-1-3　断口移中示意图

3. 测定铸铁拉伸时的强度指标

在铸铁拉伸过程中,其在变形很小时突然发生断裂破坏,没有明显的材料屈服和颈缩现象。电子万能试验机所显示的最大载荷 F_b 除以原始横截面面积 A_0 所得的应力为抗拉强度 σ_b,即

$$\sigma_b = \frac{F_b}{A_0} \tag{2-1-9}$$

4. 断口分析

拉伸断口分为韧性断口(以低碳钢为代表)和脆性断口(以铸铁为代表)。韧性断口形成过程为:在颈缩形成之前,拉伸试样标距部分内各横截面上的应力分布是相同的、均匀的。一旦颈缩开始,颈缩截面上的应力分布就与其他截面不同了,且其截面上的应力分布不再保持均匀,图 2-1-4(a)即为颈缩截面的示意图。

断裂截面处不再处于单向受力状态而处于三向受力状态,在试样中心部分轴向应力最大。裂纹开始于试样中心部分,起初出现许多已明显可见的显微孔洞(微孔),随后这些微孔增大、聚集而形成锯齿状的纤维断口,通常呈环状。当此环状纤维区扩展到一定程度(达到裂纹临界尺寸)后,裂纹开始快速扩展而形成放射区。放射区出现后,试样承载面积只剩下最外圈的环状面积,该部分由最大剪应力所切断,形成剪切唇。

脆性断口一般断口平齐,并垂直于正应力方向而呈现脆性断裂,没有任何倾斜截面,如图 2-1-4(b)所示。韧性断口的特征是断裂前有较大的宏观塑性变形,断口形貌是暗灰色纤维状组织。低碳钢断裂时发生较大的宏观塑性变形,断口呈不完全杯锥状,周边为 $45°$ 的剪切唇,断口组织呈暗灰色纤维状,因此低碳钢断口是典型的韧性断口。铸铁断口与正应力方向垂直,没有颈缩现象,长度没有变化,为闪光的结晶状组织,是典型的脆性断口。

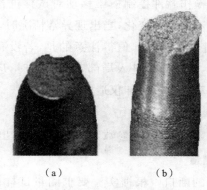

（a） （b）

图 2-1-4 断口分析

五、实验步骤

1. 测量试样尺寸

（1）划线。

在试样两端画细线来标识标距(取 $L_0=5d$ 或 $L_0=10d$)范围。若采用移位法测量断后伸长率,则需将标距分成 10 等份(或 5 等份)。

（2）测量。

在试样标距两端和中间三个截面上测量直径,每个截面在相互垂直方向各测量一次,取其平均值。用三个平均值中最小者计算试样横截面面积,测量标距计算长度 L_0。

2. 开机

打开电子万能试验机及计算机系统电源。

3. 实验参数设置

按实验要求,通过电子万能试验机操作软件设置试样尺寸、摘取电子引伸仪和加载速度等。

4. 试样及电子引伸仪安装

将试样安装在电子万能试验机的上夹头中。若要求测量试样标距间的变形量,则需将电子引伸仪安装在试样上。

5. 系统调零

通过电子万能试验机操作软件,将系统的载荷、变形量、位移及时间窗口调零。调整横梁,夹持住试样的下端部。

6. 测试

通过电子万能试验机操作软件控制横梁移动对试样进行加载,开始实验。实验过程中注意曲线及数字显示窗口的变化,当出现异常情况时,应及时中断实验。实验结束后,应及时记录并保存实验数据。值得注意的是,若没有特殊要求,则在实验曲线出现水平段一定时间后,试样开始进入局部变形阶段时,应迅速取下电子引伸仪,以避免试样断裂引起的振动对电子引伸仪造成的损伤。

7. 实验数据分析及输出

对实验数据进行分析,并调整输出参数,通过打印机输出实验结果及曲线。

8. 断后试样观察及测量

取下试样并观察试样的断口。根据实验要求测量试样的断后伸长率及断面收缩率。

9. 关机

关闭电子万能试验机和计算机系统电源。清理实验现场,将相关仪器设备还原。

六、问题讨论

(1)低碳钢拉伸时的 F-ΔL 曲线大致分为几个阶段?每一个阶段中力与变形量有什么关系?出现什么现象?

(2)低碳钢与铸铁的拉伸性能有何不同,试从强度、塑性、断口形状及破坏原因方面进行比较。

(3)比较两种材料在拉伸时的 σ_s、σ_b、δ 及 E。

第二节　压缩实验

在工程实际中,有些构件承受压力,因此,除了通过拉伸实验了解金属材料的拉伸性能以外,有时还要做压缩实验来了解金属材料的压缩性能,一般对铸铁、水泥、砖、石头等主要承受压力的脆性材料进行压缩实验,而对塑性金属或合金进行压缩实验主要是为了进行材料研究。例如铸铁在拉伸和压缩时的强度极限不相同,因此工程上就利用铸铁抗压强度较高这一特点来制造机床底座、床身、气缸、泵体等。

一、实验目的

（1）测定压缩时低碳钢的屈服极限 σ_s 及铸铁的强度极限 σ_b。

（2）观察它们的破坏现象，并比较这两种材料受压时的特性。

二、实验设备

CSS-4400 电子万能试验机、游标卡尺。

三、实验试样

按现行国家标准，压缩试样形状采用圆柱形和正方柱形等。本实验采用圆柱形压缩试样。为了防止试样失稳，又要使试样中段承受均匀单向压缩（距端面小于 $0.5d_0$，受端面摩擦力影响，应力分布不是均匀单向的），其长度一般为 $L=(1\sim3.5)d_0$。为防止偏心受力引起的弯曲影响，对两端面的不平行度及它们与圆柱轴线的不垂直度也有一定要求。图 2-2-1 所示为圆柱形压缩试样。

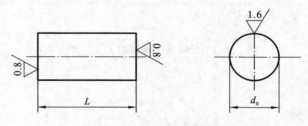

图 2-2-1　圆柱形压缩试样

四、实验原理

1. 低碳钢压缩

低碳钢压缩时的 F-ΔL 曲线如图 2-2-2 所示。它也有屈服阶段，当载荷超过屈服值时，由于低碳钢是塑性材料，继续加载也不会出现明显破坏，只会越压越扁，同时试样的横截面面积也越来越大，这就使得低碳钢试样的抗压强度无法测定。由于试样两端面受到摩擦力的影响，不可能像其中间部分那样自由地发生横向变形，因此试样变形后逐渐被压成鼓形，如果继续加载，试样则由鼓形变成象棋子形状甚至饼形。

2. 铸铁压缩

铸铁压缩时的 F-ΔL 曲线（见图 2-2-3）与铸铁拉伸时的 F-ΔL 曲线相似，不过其抗压强度要比其抗拉强度大得多。

试样破坏时断裂面大约和试样轴线间成 45°角，说明破坏主要是由切应力引

数据文件名：低碳钢压缩01　　试样号：1

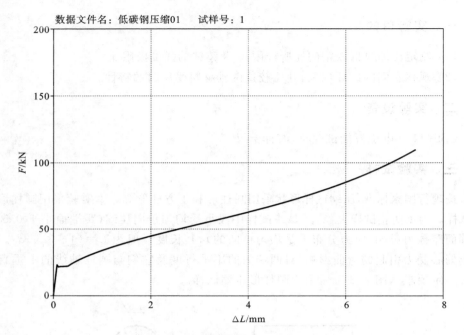

图 2-2-2　低碳钢压缩时的 F-ΔL 曲线

起的。

五、实验步骤

（1）用游标卡尺在试样的中间截面相互垂直的方向上各测量一次直径，取其算术平均值作为被测压缩试样的原始直径。

（2）打开电子万能试验机及计算机系统电源。

（3）按实验要求，通过电子万能试验机操作软件设置试样尺寸和加载速度等实验参数。

（4）将试样放入电子万能试验机的上、下承垫之间，并检查对中情况。

（5）通过电子万能试验机操作软件或硬件，将系统的载荷、变形量、位移及时间窗口调零。

（6）通过电子万能试验机操作软件控制横梁移动来对试样进行加载，开始实验。实验过程中注意曲线及数字显示窗口的变化，注意读取低碳钢的屈服载荷 F_s 和铸铁的最大载荷 F_b，并注意观察试样的变形现象。实验结束后，应及时记录并保存实验数据。

（7）根据实验要求，对实验数据进行分析，并调整输出参数，通过打印机输出实验结果及曲线。

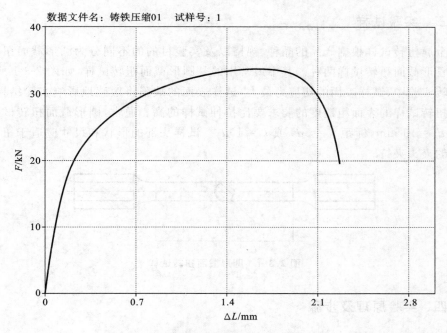

数据文件名：铸铁压缩01　　试样号：1

图 2-2-3　铸铁压缩时的 $F\text{-}\Delta L$ 曲线

（8）从电子万能试验机上取下试样，观察试样的断口。

（9）关闭电子万能试验机和计算机系统电源。清理实验现场，将相关仪器还原。

六、问题讨论

（1）为什么不能测定低碳钢的抗压强度极限？

（2）比较铸铁在拉伸和压缩下的强度极限并得出必要的结论。

（3）为什么铸铁试样沿着与轴线间约成 45°角的斜截面被破坏？

第三节　扭 转 实 验

一、实验目的

（1）测定低碳钢扭转时的剪切屈服极限 τ_s 和剪切强度极限 τ_b。

（2）测定铸铁扭转时的剪切强度极限 τ_b。

（3）观察并比较低碳钢和铸铁受扭时的变形规律及其破坏特征。

二、实验设备

ND-500C 型电子式扭转试验机、游标卡尺、划线笔。

三、实验试样

金属扭转试样根据产品的品种、规格以及实验目的的不同分为圆形截面扭转试样和管形截面扭转试样两种。其中最常用的是圆形截面扭转试样,如图 2-3-1 所示。在扭转实验中,试样表面的切应力最大,试样表面的缺陷将敏感地影响实验结果,所以对扭转试样的表面粗糙度的要求要比拉伸试样的高。通常,圆形截面扭转试样的直径 $d_0 = 10$ mm,标距 $l_0 = 5d_0$ 或 $l_0 = 10d_0$。试样头部的形状和尺寸应适于扭转试验机的夹头夹持。

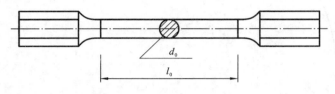

图 2-3-1　圆形截面扭转试样

四、实验原理及步骤

1. 电子式扭转试验机

本实验使用的是长春新试验机有限责任公司(原长春试验机厂)研发生产的 ND-500C 型电子式扭转试验机,最大扭矩为 500 N·m,它由计算机单元、扭矩检测单元、扭角检测单元、交流伺服调速系统单元等组成,如图 2-3-2 所示。

图 2-3-2　ND-500C 型电子式扭转试验机的组成

该试验机工作时由计算机给出指令,通过交流伺服调速系统控制交流电机的转速和转向,带动摆线针轮减速机,电机转速经减速机减速后由齿形带传递到主轴箱,带动夹头旋转,对试样施加转矩,同时由检测器件扭矩传感器和光电编码传感器输出参量信号,经测量系统进行放大转换处理,检测结果反映在计算机的显示器上,并绘制出相应的扭矩-扭角曲线。

2. 低碳钢试样的扭转实验

(1)试样的准备:在试样标距部分的两端和中间三个截面上测量直径,每个截面在相互垂直的方向各测量一次,取其平均值。用三个平均值中最小者作为试样的原始直径,计算抗扭截面系数,即

$$W_\mathrm{p}=\frac{1}{16}\pi d^3 \tag{2-3-1}$$

式中:d 为试样直径。

(2)电子式扭转试验机的准备:首先了解电子式扭转试验机的基本构造原理和操作方法,学习使用 TEstExPErt. NET 软件,注意扭转试验机的安全事项。如果扭转试验机未校核,则根据材料性质,初步估计所需最大扭矩,选择合适的测力表盘,配置相应的摆锤,测力指针调到"零点",即可完成校核。

(3)进行实验:装夹低碳钢试样,首先将低碳钢试样的一端装夹在尾座的夹头上,用六角扳手夹紧,移动尾座将其调到合适位置,使试样另一端与主轴箱的夹头对齐,用控制手柄旋转主轴箱上的夹头,保证夹头平面与试样端面在同一平面上。设置软件参数,选取计算参数,并设置主轴的旋转速度,此处可选用 $60(°)/\mathrm{min}$,也可根据试样的具体情况修改。单击开始按钮,试验机自动完成实验,计算机屏幕显示出扭矩 T 与扭角 φ 的关系曲线,如图 2-3-3 所示。

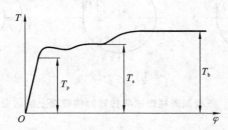

图 2-3-3　低碳钢扭转实验中扭矩 T 与扭角 φ 的关系曲线

注意事项:

(1)用套筒扳手夹紧试样;

(2)用手动控制器加载前,应将扳手取下;

(3)在扭转实验过程中,应远离试验机。

当扭矩从 0 增大到 T_p 时,图 2-3-3 显示这段为斜直线,表明此阶段的内载荷与试样变形量之间成比例关系,为线弹性阶段,此阶段的横截面上切应力沿半径线性变化,外表面处最大,圆心处为零,如图 2-3-4(a)所示。随着扭矩的增大,横截面边缘处的切应力首先达到剪切屈服极限 τ_s,材料流动形成环形塑性区(见图 2-3-4

(b)),而且塑性区逐渐向圆心扩展。但中心部分仍然是弹性的,所以扭矩仍可增大,扭矩 T 和扭角 φ 的关系变成曲线,并且稍微上升。直到整个截面几乎都是塑性区(见图 2-3-4(c)),曲线趋于平坦,这时扭矩几乎不再增大,而扭角还在不断地增大,此时的扭矩为屈服扭矩 T_s。当扭矩达到 T_s 时,假定截面上各点的切应力同时达到剪切屈服极限 τ_s(理想塑性),断面上 τ_s 均匀分布,从而推导出计算剪切屈服极限 τ_s 的近似公式:

$$T_s = \int_A \tau_s \rho \, dA \tag{2-3-2}$$

式中:$\tau_s = $ 常数;$dA = 2\pi\rho d\rho$。

$$T_s = \tau_s \int_0^r \rho 2\pi\rho d\rho = 2\pi\tau_s \int_0^r \rho^2 \, d\rho = \frac{2}{3}\pi r^3 \tau_s = \frac{4}{3} W_p \tau_s \tag{2-3-3}$$

故剪切屈服极限 τ_s 为

$$\tau_s = \frac{3T_s}{4W_p} \tag{2-3-4}$$

继续加载,试样继续变形,材料进一步得到强化,当扭矩达到极限值 T_b 时,试样断裂。材料的剪切强度极限 τ_b 为

$$\tau_b = \frac{3T_b}{4W_p} \tag{2-3-5}$$

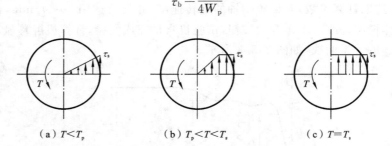

(a) $T < T_p$ (b) $T_p < T < T_s$ (c) $T = T_s$

图 2-3-4　低碳钢圆柱形试样扭转时横截面上的切应力分布

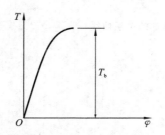

图 2-3-5　铸铁扭转实验中扭矩 T 与扭角 φ 的关系曲线

3. 铸铁试样的扭转实验

铸铁扭转实验方法和步骤与低碳钢的相同。铸铁试样受扭时,在变形很小的情况下就会突然断裂,铸铁的扭矩 T 与扭角 φ 的关系曲线如图 2-3-5 所示。在铸铁扭转实验中,从开始直到铸铁破坏,扭矩与扭角的关系近似为直线,由于铸铁试样在断裂前脆性破坏,故可近似应用弹性公式计算其剪切强度极限 τ_b:

$$\tau_b = \frac{T_b}{W_p} \tag{2-3-6}$$

4. 实验后断口的观察

低碳钢:断口平齐,呈灰暗色纤维状,剪应力使之断裂。

铸铁:断口呈螺旋状,断口有金属光泽,拉应力使之断裂。

五、问题讨论

根据拉伸、压缩和扭转实验结果,比较低碳钢与铸铁的力学性能及破坏形式,并分析原因。

第四节　等强度梁实验

一、实验目的

(1) 学习应用应变片组桥,以及检测应力的方法。

(2) 验证变截面等强度梁正应力实验。

(3) 掌握用等强度梁标定灵敏度的方法。

(4) 学习静态电阻应变仪使用方法。

二、实验梁的安装

(1) 等强度梁的正应力的分布规律实验装置,如图 2-4-1 所示。

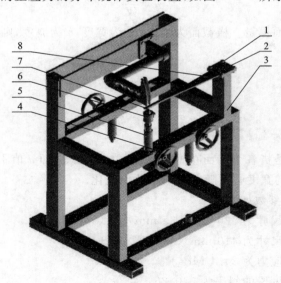

图 2-4-1　等强度梁的安装示意图

1—紧固螺钉;2—紧固盖板;3—台架主体;4—手轮;

5—蜗杆升降机构;6—拉压力传感器;7—压头;8—等强度梁

（2）等强度梁的安装与调整。

将拉压力传感器安装在蜗杆升降机构上并拧紧，顶部装上压头。摇动手轮使之降到适当位置，以便不妨碍等强度梁的安装。将等强度梁按图 2-4-1 放置，调整等强度梁的位置使其端部与紧固盖板对齐，转动手轮使压头与梁的接触点落在等强度梁的对称中心线上。调整完毕，将紧固螺钉（共 4 个）用扳手全部拧紧。

（3）等强度梁的贴片。

等强度梁应变片实物粘贴位置如图 2-4-2 所示。1#、2#、3# 片分别位于等强度梁水平上平面的纵向轴对称中心线上，1#、3# 片关于 2# 片对称。

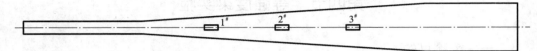

图 2-4-2　等强度梁应变片实物粘贴位置

三、实验原理

当悬臂梁上加一个载荷 P 时，到加载点距离为 x 的断面上的弯矩为

$$M_x = Px \tag{2-4-1}$$

相应断面上的最大应力为

$$\sigma = \frac{Px}{W} \tag{2-4-2}$$

式中：W 为抗弯截面模量。横截面为矩形，b_x 为宽度，h 为厚度，则有

$$W = \frac{b_x h^2}{6} \tag{2-4-3}$$

因此

$$\sigma = \frac{Px}{\dfrac{b_x h^2}{6}} = \frac{6Px}{b_x h^2} \tag{2-4-4}$$

所谓等强度，是指各个断面在力的作用下应力相等，即 σ 值不变。显然，当梁的厚度 h 不变时，梁的宽度必须随着 x 的变化而变化。

等强度梁参考参数如下。

（1）梁的极限尺寸为 526 mm×35 mm×9.3 mm。

（2）梁的工作尺寸为 410 mm×35 mm×9.3 mm。

（3）梁的断面应力为 24.4 MPa。

（4）梁有效长度段的斜率为 0.0426。

1. 电阻应变测量原理

电阻应变测试方法是用电阻应变片测定构件的表面应变，再根据应变-应力关系(即电阻-应变效应)确定构件表面应力状态的一种实验应力分析方法。这种方法是以粘贴在被测构件表面上的电阻应变片作为传感元件,当构件发生变形时,电阻应变片的电阻值将发生相应的变化,利用电阻应变仪将此电阻值的变化测定出来,并换算成应变值或输出与此应变值成正比的电压(或电流)信号,就可得到所测定的应变或应力。电阻应变仪如图 2-4-3 所示。

图 2-4-3　电阻应变仪

2. 电阻应变片

电阻应变片一般由敏感栅、引线、基底、黏结剂和覆盖层组成。图 2-4-4 所示为金属丝电阻应变片简图。

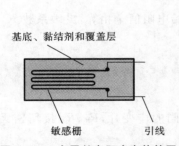

图 2-4-4　金属丝电阻应变片简图

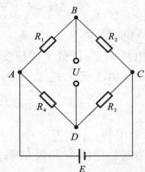

图 2-4-5　直流电桥

3. 测量电路原理

通过在试样上粘贴电阻应变片,可以将试样的应变转换为应变片的电阻变化,但是通常这种电阻变化是很小的。为了便于测量,需将应变片的电阻变化转换成电信号,再通过电子放大器将该电信号放大,然后指示仪或记录仪显示应变值。这一任务是由电阻应变仪来完成的。而电阻应变仪中电桥的作用是将应变片的电阻变化转换成电压(或电流)信号。电桥根据其供电电源的类型可分为直流电桥和交流电桥。下面以直流电桥为例来说明其电路原理。

(1) 电桥的平衡。

直流电桥如图 2-4-5 所示,电桥各臂 R_1、R_2、R_3、R_4 可以全部是应变片(全桥式接法),也可以部分是应变片,其余为固定电阻。如果 R_1、R_2 为应变片,R_3、R_4 接精密无感固定电阻,则为半桥式接法。

桥路 AC 端的供桥电压为 E,桥路 BD 端的输出电压为

$$U=\left(\frac{R_1}{R_1+R_2}-\frac{R_4}{R_3+R_4}\right)E=\frac{R_1R_3-R_2R_4}{(R_1+R_2)(R_3+R_4)}E \qquad (2\text{-}4\text{-}5)$$

当桥臂电阻满足 $R_1R_3=R_2R_4$ 时,电桥输出电压 U 为零,称为电桥平衡。

(2) 电桥输出电压。

设起始处于平衡状态的电桥各桥臂(应变片)的电阻值都发生了变化,即

$$R_1\rightarrow R_1+\Delta R_1,\quad R_2\rightarrow R_2+\Delta R_2,\quad R_3\rightarrow R_3+\Delta R_3,\quad R_4\rightarrow R_4+\Delta R_4 \quad (2\text{-}4\text{-}6)$$

此时电桥输出电压的变化量为

$$\Delta U\approx\frac{\partial U}{\partial R_1}\Delta R_1+\frac{\partial U}{\partial R_2}\Delta R_2+\frac{\partial U}{\partial R_3}\Delta R_3+\frac{\partial U}{\partial R_4}\Delta R_4 \qquad (2\text{-}4\text{-}7)$$

可进一步整理为

$$\Delta U\approx\left[\frac{R_1R_2}{(R_1+R_2)^2}\left(\frac{\Delta R_1}{R_1}-\frac{\Delta R_2}{R_2}\right)+\frac{R_3R_4}{(R_3+R_4)^2}\left(\frac{\Delta R_3}{R_3}-\frac{\Delta R_4}{R_4}\right)\right]E \quad (2\text{-}4\text{-}8)$$

对以下常用的测量电路,电桥输出电压的变化量可进一步简化:

$$\Delta U\approx\frac{E}{4}\left(\frac{\Delta R_1}{R_1}-\frac{\Delta R_2}{R_2}+\frac{\Delta R_3}{R_3}-\frac{\Delta R_4}{R_4}\right) \qquad (2\text{-}4\text{-}9)$$

① 全等臂电桥。

在上述电桥中,各桥臂上的应变片的起始电阻值全相等,灵敏系数 K 也相同,于是,将 $\Delta R_n/R_n=K\varepsilon_n$ 代入式(2-4-9),得

$$\Delta U\approx\frac{KE}{4}(\varepsilon_1-\varepsilon_2+\varepsilon_3-\varepsilon_4) \qquad (2\text{-}4\text{-}10)$$

② 半等臂电桥。

R_1、R_2 为起始电阻值和灵敏系数 K 相同的应变片,R_3、R_4 接精密无感固定电阻,此时

$$\Delta U\approx\frac{E}{4}\left(\frac{\Delta R_1}{R_1}-\frac{\Delta R_2}{R_2}\right)=\frac{KE}{4}(\varepsilon_1-\varepsilon_2) \qquad (2\text{-}4\text{-}11)$$

③ 1/4 电桥。

R_1、R_2 起始电阻值相同,R_1 是灵敏系数为 K 的应变片,R_2、R_3、R_4 接精密无感固定电阻,此时

$$\Delta U\approx\frac{E}{4}\cdot\frac{\Delta R_1}{R_1}=\frac{1}{4}KE\varepsilon_1 \qquad (2\text{-}4\text{-}12)$$

电阻应变仪屏幕并不显示电压值,而是显示与此电压对应的经过标定的应变值 ε_{du},即应变值从屏幕上读出。所以对于 1/4 电桥,仪器读数为 $\varepsilon_{du}=\varepsilon_1$;对于半等臂电桥,仪器读数为 $\varepsilon_{du}=\varepsilon_1-\varepsilon_2$;对于全等臂电桥,仪器读数为 $\varepsilon_{du}=\varepsilon_1-\varepsilon_2+\varepsilon_3-\varepsilon_4$。

（3）电桥电路的基本特性。

① 在一定的应变范围内，电桥输出电压的变化量 ΔU 与各桥臂电阻的变化率 $\Delta R/R$、相应应变片所感受的（轴向）应变 ε_n 成线性关系。

② 各桥臂电阻的变化率 $\Delta R/R$、相应应变片所感受的应变 ε_n 对电桥输出电压的变化量 ΔU 的影响是线性叠加的，其叠加方式为：相邻桥臂异号，相对桥臂同号。

充分利用电桥的这一特性不仅可以提高应变测量的灵敏度及精度，还可以解决温度补偿问题等。

③ 温度变化对应变测量有着一定的影响，消除温度变化的影响可采用以下方法。实测时，把粘贴在受载荷构件上的应变片作为 R_1，以相同的应变片粘贴在材料和温度都与构件相同的补偿块上，作为 R_2，以 R_1 和 R_2 组成测量电桥的半桥，电桥的另外两臂 R_3 和 R_4 为测试仪内部的标准电阻，则可以消除温度变化的影响。温度补偿原理如图 2-4-6 所示。

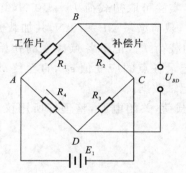

图 2-4-6　温度补偿原理

若 R_1 为工作片，R_2 为补偿片，二者因温度变化产生的电阻变化 ΔR_{1t} 与 ΔR_{2t} 相同。设 R_1 因构件受载荷产生的电阻变化为 ΔR_{1F}，则 $\Delta R_1 = \Delta R_{1F} + \Delta R_{1t}$，$\Delta R_2 = \Delta R_{2t}$，可得

$$U_{BD} = \frac{U}{4}\left(\frac{\Delta R_{1F} + \Delta R_{1t}}{R_1} - \frac{\Delta R_{2t}}{R_2}\right) = \frac{U}{4}\frac{\Delta R_{1F}}{R_1} = \frac{UK}{4}\varepsilon_1 \qquad (2\text{-}4\text{-}13)$$

利用这种方法可以有效地消除温度变化的影响，其中作为 R_2 的电阻应变片就是用来平衡温度变化的，称为温度补偿片。

四、实验步骤

（1）测量等强度梁的有关尺寸，确定试样有关参数。

（2）接线，实验接桥采用 1/4 桥（半桥单臂）方式，应变片与应变仪组桥接线方法如图 2-4-7 所示。将试样上下表面的应变片（即工作片 1#、2#、3#、4#）分别连接到应变仪测点的 A、B 上，测点上的 B 和 B1 用短路片短接；温度补偿片连接到桥路选择端的 A、D 上,桥路选择短接线将 D1、D2 短接,并将所有螺钉旋紧。

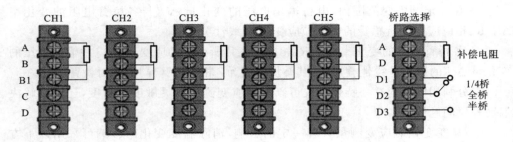

图 2-4-7　应变片与应变仪组桥接线方法

(3) 打开静态数字电阻应变仪,设置仪器的参数。输入力传感器量程、灵敏度和应变片的灵敏系数,在不加载的情况下将测力量和应变量调至零。

(4) 拟定加载方案。本实验可取初载荷 $P_0 = 10$ N、终载荷 $P_{max} = 50$ N(该实验中载荷范围为 $P_{max} \leqslant 50$ N),载荷增量 $\Delta P = 10$ N,共加载五级。

(5) 均匀缓慢加载至初载荷 P_0,记下各点应变的初始读数,然后分级等增量加载,每增加一级载荷,依次记录各点的应变值 $\varepsilon_{实}$,直至终载荷,然后卸载。实验重复三次,取数值较好的一组,记录数据。

(6) 做完实验后,卸掉载荷,关闭电源,整理好所用仪器设备,清理实验现场,将所用仪器设备复原。

五、问题讨论

(1) 从实验数据中如何看出等强度梁的特点?

(2) 在实验中如何考虑温度补偿的影响?

第五节　纯弯曲梁实验

一、实验目的

(1) 测定梁在纯弯曲时横截面上正应力的大小和分布规律。

(2) 验证纯弯曲梁的正应力计算公式。

(3) 进一步熟悉电测静应力实验的原理并掌握其操作方法。

(4) 测定泊松比 μ。

二、实验设备

(1) 纯弯曲梁实验装置。

(2) 静态数字电阻应变仪。

三、实验装置及原理

如图 2-5-1 所示,将拉压力传感器安装在蜗杆升降机构上拧紧,将支座(两个)放在图 2-5-1 所示的位置,并关于加载中心对称放置,将纯弯曲梁置于支座上,也对称放置,将加力杆接头(两对)与加力杆(两个)连接,分别用销子悬挂在纯弯曲梁上,再用销子把加载下梁固定于图 2-5-1 所示的位置,调整加力杆的位置使两杆都处于铅垂状态并关于加载中心对称。摇动手轮使传感器升到适当位置,将压头放在图 2-5-1 所示的位置,压头的尖端顶住加载下梁中部的凹槽,适当摇动手轮使传感器端部与压头稍稍接触。检查加载机构是否关于加载中心对称,如果不对称,应反复调整。

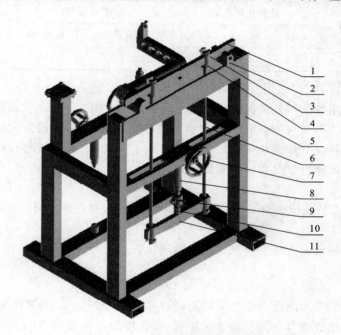

图 2-5-1　纯弯曲梁的安装示意图

1—纯弯曲梁;2—支座;3—销子;4—加力杆接头;5—加力杆;6—台架主体;

7—手轮;8—蜗杆升降机构;9—拉压力传感器;10—压头;11—加载下梁

为了测量应变随试样截面高度的分布规律,应变片的粘贴位置如图 2-5-2 所示。$5^{\#}$、$4^{\#}$ 片分别位于梁水平上、下表面的纵向轴对称中心线上,$1^{\#}$ 片位于梁的中性层上,$2^{\#}$、$3^{\#}$ 片分别位于距中性层和梁的上下边缘相等的纵向轴线上,$6^{\#}$ 片与 $5^{\#}$ 片垂直。这样可以测量试样上下边缘、中性层及其他中间点的应变,便于了解应变沿试样截面高度变化的规律。

纯弯曲梁的原始参数如表 2-5-1 所示。

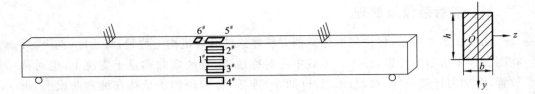

图 2-5-2　纯弯曲梁上应变片的粘贴位置

注：$4^{\#}$、$5^{\#}$ 片分别在梁的下、上表面，$6^{\#}$ 片可在梁的上表面或下表面。

表 2-5-1　原始参数表

材料	E/GPa	梁的几何参数			应变片参数		应变仪灵敏系数
		b/cm	h/cm	a/cm	灵敏系数	电阻/Ω	
低碳钢	210	2.0	4.0	10.0	2.00	120	2.0

注：b 为宽度；h 为高度；a 为载荷作用点到梁支点的距离。

　　本实验采用的是用低碳钢制成的矩形截面试样。图 2-5-3 所示为纯弯曲梁受力图。由梁的内力分析可知，BC 段上的剪力为零，因此梁的 BC 段发生纯弯曲。用电阻应变仪测出各应变片所在位置的纵向应变 $\varepsilon_{实}$。在比例极限范围内，根据单向应力状态下的胡克定律可求出相应的实验应力 $\sigma_{实}$。

$$\sigma_{实} = E\varepsilon_{实} \tag{2-5-1}$$

式中：$\sigma_{实}$ 为测点的正应力；E 为材料的弹性模量；$\varepsilon_{实}$ 为测点的应变。注意，$\varepsilon_{实}$ 的单位为 10^{-6}。

　　纯弯曲梁横截面上任意一点正应力的理论表达式为

$$\sigma_{理} = \frac{M \cdot y}{I_z} \tag{2-5-2}$$

式中：M 为弯矩；y 为测点至中性层的距离；I_z 为横截面对 z 轴的惯性矩。

　　本实验采用逐级等量加载的方法加载，每次增加等量载荷 ΔP，测定各点相应的应变一次。分别取应变增量的平均值（修正后的值）$\Delta\varepsilon_{实}$，求出各点应力增量的实验值 $\overline{\Delta\sigma_{实}}$。

$$\overline{\Delta\sigma_{实}} = E\Delta\varepsilon_{实} \tag{2-5-3}$$

$$\overline{\Delta\sigma_{理}} = \frac{\Delta M \cdot y}{I_z} \tag{2-5-4}$$

　　把测量得到的应力增量 $\overline{\Delta\sigma_{实}}$ 与由式（2-5-4）计算出的应力增量 $\overline{\Delta\sigma_{理}}$ 加以比较，从而可验证式（2-5-4）的正确性，式（2-5-4）中的 ΔM 按下式求出：

$$\Delta M = \frac{1}{2}\Delta P \cdot a \tag{2-5-5}$$

　　假设梁在纯弯曲变形条件下处于单向应力状态，为此在梁的上（或下）表面横向

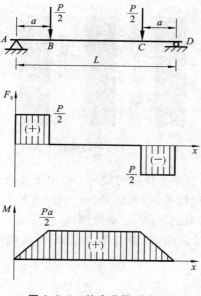

图 2-5-3 纯弯曲梁受力图

粘贴 6# 片,可测出 $\varepsilon_横$,根据

$$E=\frac{\Delta P}{\Delta \varepsilon_纵 A} \tag{2-5-6}$$

$$\mu=\left|\frac{\Delta \varepsilon_横}{\Delta \varepsilon_纵}\right| \tag{2-5-7}$$

可由式(2-5-7)计算得到梁材料的泊松比 μ,从而验证梁弯曲时横截面上各点近似处于单向应力状态。

四、实验步骤

(1) 调整好实验加载装置,测量并记录矩形截面梁的宽度 b 和高度 h、载荷作用点到梁支点的距离 a 及测点至中性层的距离 y_i。

(2) 接线,实验接桥采用 1/4 桥(半桥单臂)方式,应变片与应变仪组桥接线方法如图 2-5-4 所示。使纯弯曲梁上的 1#、2#、3#、4# 及 5# 片(即工作片)分别连接到应变仪测点的 A、B 上,测点上的 B 和 B1 用短路片短接;温度补偿片连接到桥路选择端的 A、D 上,桥路选择短接线将 D1、D2 短接,并将所有螺钉旋紧。

(3) 打开静态数字电阻应变仪,设置仪器的参数。输入力传感器量程及灵敏度、应变片的灵敏系数,在不加载的情况下将测力量和应变量调至零。

(4) 拟定加载方案。本实验可取初载荷 $P_0=500$ N,终载荷 $P_{max}=2500$ N,ΔP =500 N,共加载五级。

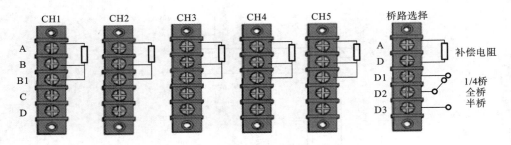

图 2-5-4 1/4 桥路连接示意图

（5）实验加载。均匀缓慢加载至初载荷 P_0，记下各点应变的初始读数。然后分级等增量加载，每增加一级载荷，依次记录各点的应变值 $\varepsilon_{i实}$，直至终载荷，然后卸载。实验重复三次。取数值较好的一组，记录数据。

（6）做完实验后，卸掉载荷，关闭电源，整理好所用仪器设备，清理实验现场，将所用仪器设备复原。

五、实验结果

（1）求出各测点在等量载荷作用下，应变增量的平均值 $\Delta\varepsilon_实$。

（2）以各测点位置为纵坐标，以修正后的应变增量的平均值 $\Delta\varepsilon_实$ 为横坐标，画出应变随试样截面高度变化的曲线。

（3）根据各测点应变增量的平均值 $\Delta\varepsilon_实$，计算测的应力值（$\overline{\Delta\sigma_实}=E\Delta\varepsilon_实$）。

（4）根据实验装置的受力和截面尺寸，先计算横截面对 z 轴的惯性矩 I_z，再应用弯曲应力的理论公式（式（2-5-4）），计算在等增量载荷作用下，各测点应力增量的理论值 $\overline{\Delta\sigma_理}=\dfrac{\Delta M \cdot y}{I_z}$。

（5）比较各测点应力的理论值和实验值，并按下式计算相对误差：

$$e=\frac{\overline{\Delta\sigma_理}-\overline{\Delta\sigma_实}}{\overline{\Delta\sigma_理}}\times100\% \tag{2-5-8}$$

在梁的中性层内，由于 $\sigma_理=0$，$\Delta\sigma_理=0$，故只需计算绝对误差。

（6）比较梁中性层的应力。由于电阻应变片测量的是一个区域内的平均应变，粘贴时又不可能正好贴在中性层上，因此只要测量的应变值是一个很小的数值，就可认为测试是可靠的。

六、问题讨论

（1）实验结果和理论计算结果是否一致？如果不一致，主要影响因素是什么？

（2）梁弯曲的正应力公式并未涉及材料的弹性模量 E，而实测应力值的计算却用了弹性模量 E，为什么？弯曲正应力的大小是否会受弹性模量 E 的影响？

（3）实验时没有考虑梁的自重，会引起误差吗？为什么？

第六节　弯扭组合梁实验

一、实验目的

（1）验证薄壁圆管在弯扭组合变形下主应力大小及方向的理论计算公式。
（2）测定圆管在弯扭组合变形下的弯矩和扭矩。
（3）实测剪应力并计算剪切模量。
（4）掌握通过桥路的不同连接方案消扭测弯、消弯测扭的方法。

二、实验梁的安装

（1）弯扭组合梁的正应力的分布规律实验装置，如图 2-6-1 所示。

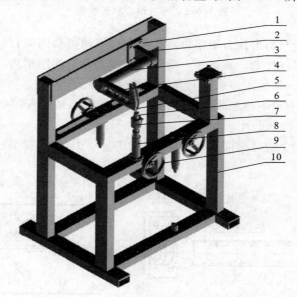

图 2-6-1　弯扭组合梁的安装示意图
1—紧固螺钉；2—固定支座；3—薄壁圆筒；4—扇形加力架；5—钢丝；6—钢丝接头；
7—拉压力传感器；8—蜗杆升降机构；9—手轮；10—台架主体

（2）弯扭组合梁的安装与调整。

试样采用无缝钢管制成的空心轴，外径 $D = 40.5$ mm，内径 $d = 36.5$ mm，$E = 206$ GPa，如图 2-6-2 所示。根据设计要求载荷增量 $\Delta P \geqslant 0.3$ kN，终载荷 $P_{max} \leqslant 1.2$ kN。

实验时将拉压力传感器安装在蜗杆升降机构上并拧紧，顶部装上钢丝接头。观

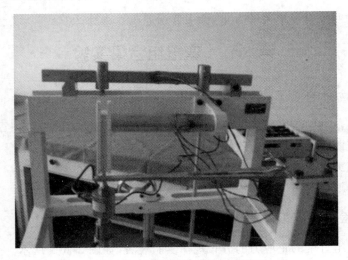

图 2-6-2　弯扭组合梁实物图

察加载中心线是否与扇形加力架相切,若不相切,则调整紧固螺钉(共 4 个),调整好后用扳手将紧固螺钉拧紧。将钢丝一端挂入扇形加力架的凹槽内,摇动手轮至适当位置,把钢丝的另一端插入传感器上方的钢丝接头内。

　　注意:扇形加力架不与加载中心线相切,将导致实验结果有误差,甚至错误。

　　(3) 弯扭组合梁的贴片。

　　$1^{\#}$ 片位于梁的上边缘弧面上,$2^{\#}$ 片位于梁中轴层上,均为 45°应变花,如图 2-6-3 所示。

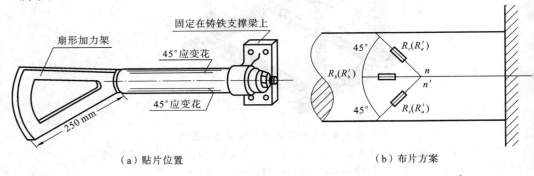

（a）贴片位置　　　　　　　　　　　　　　（b）布片方案

图 2-6-3　弯扭组合梁的贴片

三、实验原理

1. 测量指定点的主应力和主方向

从图 2-6-4 中可看出,A 点单元体承受由弯矩 M 产生的弯曲正应力 σ_w 和由扭

矩 T 产生的剪应力 τ 的作用,处于平面应力状态。B 点单元体处于纯剪切状态,其剪应力由扭矩 T 和剪力 Q 两部分产生, 如图 2-6-5 所示。

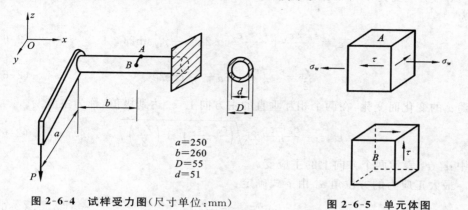

$a=250$
$b=260$
$D=55$
$d=51$

图 2-6-4　试样受力图(尺寸单位:mm)　　　　　图 2-6-5　单元体图

根据理论分析,弯曲正应力为

$$\sigma_{\mathrm{w}} = \frac{M}{W_z} \qquad (2\text{-}6\text{-}1)$$

式中:$M=Pb$;$W_z = \pi D^3 (1-\alpha^4)/32$,其中 $\alpha=d/D$;D 为薄壁圆筒的外径;d 为薄壁圆筒的内径。

扭转剪应力为

$$\tau_{\mathrm{T}} = \frac{T}{W_{\mathrm{p}}} \qquad (2\text{-}6\text{-}2)$$

式中:$W_{\mathrm{p}} = \pi D^3 (1-\alpha^4)/16$。

从上面分析来看,在试样的 A 点、B 点上分别粘贴一个三向应变花,如图 2-6-6 所示,就可以测出各点的应变值,并进行主应力的计算。

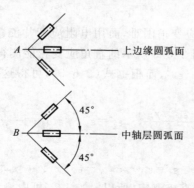

图 2-6-6　应变片的布置

对于处于平面应力状态的 A 点,若在 Oxy 平面内,沿 x、y 轴方向的线应变分别为 ε_x、ε_y,剪应变为 γ_{xy},根据应变分析,沿与 x 轴成 α 角方向的线应变和剪应变分别为

$$\varepsilon_\alpha = \frac{\varepsilon_x + \varepsilon_y}{2} + \frac{\varepsilon_x - \varepsilon_y}{2}\cos 2\alpha - \frac{1}{2}\gamma_{xy}\sin 2\alpha \tag{2-6-3}$$

$$\frac{\gamma_\alpha}{2} = \frac{\varepsilon_x - \varepsilon_y}{2}\sin 2\alpha + \frac{\gamma_{xy}}{2}\cos 2\alpha \tag{2-6-4}$$

ε_α 随 α 的变化而变化,在两个相互垂直的主方向上,ε_α 达到极值,称为主应变。

$$\varepsilon_1,\varepsilon_3 = \frac{\varepsilon_x + \varepsilon_y}{2} \pm \sqrt{\left(\frac{\varepsilon_x - \varepsilon_y}{2}\right)^2 + \left(\frac{\gamma_{xy}}{2}\right)^2} \tag{2-6-5}$$

式中:ε_1、ε_3 表示两个方向上的主应变。

最大正应力的方位角 α_0 由下式确定:

$$\tan 2\alpha_0 = -\frac{\gamma_{xy}}{\varepsilon_x - \varepsilon_y} \tag{2-6-6}$$

对于线弹性各向同性材料,主应变 ε_1、ε_3 与主应力 σ_1、σ_3 的方向一致,并由广义胡克定律得到

$$\varepsilon_1 = \frac{1}{E}[\sigma_1 - \mu(\sigma_2 + \sigma_3)] \tag{2-6-7}$$

$$\varepsilon_2 = \frac{1}{E}[\sigma_2 - \mu(\sigma_3 + \sigma_1)] \tag{2-6-8}$$

$$\varepsilon_3 = \frac{1}{E}[\sigma_3 - \mu(\sigma_1 + \sigma_2)] \tag{2-6-9}$$

在平面应力状态下,$\sigma_2 = 0$,则

$$\sigma_1 = \frac{E}{1-\mu^2}(\varepsilon_1 + \mu\varepsilon_3) \tag{2-6-10}$$

$$\sigma_3 = \frac{E}{1-\mu^2}(\varepsilon_3 + \mu\varepsilon_1) \tag{2-6-11}$$

由于在实验中测量剪应变很困难,而用电阻应变片测量沿应变片轴线方向的线应变比较方便,因此利用图 2-6-6 所示的直角应变花能测得 $-45°$ 方向、$0°$ 方向和 $45°$ 方向的三个线应变 $\varepsilon_{-45°}$、$\varepsilon_{0°}$、$\varepsilon_{45°}$,而根据式(2-6-3),可得这三个方向的线应变与 ε_x、ε_y、γ_{xy} 的关系:

$$\varepsilon_{45°} = \frac{\varepsilon_x + \varepsilon_y}{2} - \frac{\gamma_{xy}}{2},\quad \varepsilon_{0°} = \varepsilon_x,\quad \varepsilon_{-45°} = \frac{\varepsilon_x + \varepsilon_y}{2} + \frac{\gamma_{xy}}{2} \tag{2-6-12}$$

由此可以得到

$$\varepsilon_x = \varepsilon_{0°},\quad \varepsilon_y = \varepsilon_{45°} + \varepsilon_{-45°} - \varepsilon_{0°},\quad \gamma_{xy} = \varepsilon_{-45°} - \varepsilon_{45°} \tag{2-6-13}$$

因为 $\varepsilon_{-45°}$、$\varepsilon_{0°}$、$\varepsilon_{45°}$ 可以直接测定,所以 ε_x、ε_y、γ_{xy} 可由测量结果求出,则

$$\varepsilon_1,\varepsilon_3 = \frac{\varepsilon_{45°} + \varepsilon_{-45°}}{2} \pm \frac{\sqrt{2}}{2}\sqrt{(\varepsilon_{-45°} - \varepsilon_{0°})^2 + (\varepsilon_{45°} - \varepsilon_{0°})^2} \tag{2-6-14}$$

$$\tan 2\alpha_0 = \frac{\varepsilon_{45°} - \varepsilon_{-45°}}{2\varepsilon_{0°} - \varepsilon_{45°} - \varepsilon_{-45°}} \qquad (2\text{-}6\text{-}15)$$

从而可以求出 σ_1、σ_3：

$$\sigma_1,\sigma_3 = \frac{E}{2}\left[\frac{1}{1-\mu}(\varepsilon_{45°}+\varepsilon_{-45°}) \pm \frac{\sqrt{2}}{1+\mu}\sqrt{(\varepsilon_{0°}-\varepsilon_{-45°})^2+(\varepsilon_{45°}-\varepsilon_{0°})^2}\right] \quad (2\text{-}6\text{-}16)$$

采用等量逐级加载，在每一载荷作用下，分别测得 A、B 两点的 $\varepsilon_{45°}$、$\varepsilon_{0°}$ 和 $\varepsilon_{-45°}$。将测量结果记录在实验报告中，可用式（2-6-16）计算出 A、B 两点的主应力大小和方向。

2. 测量弯矩

在工程实践中应变片电测方法不仅广泛用于结构的应变、应力测量，而且也把它当作应变的敏感元件用于各种测力传感器中。有时测量某一种内力而舍去另一种内力就需要采用内力分离的方法。在弯扭组合的构件上，若只想测量构件所受弯矩的大小，则通过改变桥路连接就可实现。

利用图 2-6-7 所示的应变片布置，选用 A 点沿轴线方向的应变片接入电桥的测量桥臂 $A'B'$，选用 B 点沿轴线方向的应变片接入电桥的温度补偿臂 $B'C'$，这样组成仪器测量的外部半桥。此接桥方式中，A 片受弯曲拉应力作用，B 片无弯曲正应力作用，而测量结果与扭转内力无关。这种接桥方式可以满足温度补偿的要求，这样就可计算出弯矩的大小，然后将实测结果与理论计算结果进行比较。

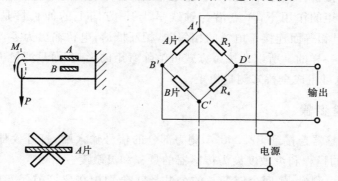

图 2-6-7　测量弯矩的接桥方式

3. 测量扭矩

在弯扭组合的构件上，若只想测量构件所受的扭矩，也可利用应变片的接桥方式来实现。以图 2-6-8 中 B 点的应变片为例，将 B 点沿轴线呈 45°的两个应变片接入相邻的两个桥臂。

由于 B 点处于弯曲的中性层，因此弯矩的作用对应变片没有影响。在扭矩作用下，应变片 A（A 片）受到拉伸变形接于桥臂 $A'B'$，应变片 B（B 片）受到压缩变形接于桥臂 $B'C'$。接入相邻桥臂既可以实现自身温度补偿，又可以使应变读数增大一

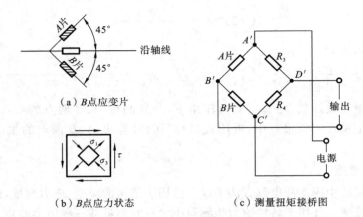

（a）B点应变片

（b）B点应力状态　　　　　　（c）测量扭矩接桥图

图 2-6-8　扭矩的测量

倍。此处弯曲剪应力较小而未考虑。

$$\varepsilon_1 = \frac{1}{2}\varepsilon_{读数} = -\varepsilon_3 \tag{2-6-17}$$

再根据广义胡克定律求得 σ_1 和 σ_3。由于在纯剪切状态下 $\tau = \sigma_1$，因此可进一步计算出扭矩。

除了以上接桥方式之外，利用 A 点的应变片也可组成同样功能的电桥来测量扭矩。在只有弯矩的作用下，A 点沿与轴线呈 $\pm 45°$ 方向上的伸长量是相等的，即 A 片、B 片伸长量相等而连接于电桥的相邻臂，相互抵消，电桥输出为零，其原理与温度补偿的原理是一样的。所以此接桥方式可消除弯矩的影响，而只测量出扭矩。另外，A 点和 B 点也可组成全桥来测量扭矩。

四、实验步骤

（1）将传感器连接到 BZ2208-A 测力部分的信号输入端，打开仪器，设置仪器的参数，测力仪的量程和灵敏度设为传感器的量程和灵敏度。

（2）主应力测量：将两个应变花的公共导线分别接在仪器前任意两个通道的 A 端子上，其余各导线按顺序分别接至应变仪的 2～6 通道的 B 端子上，设置应变仪参数。

（3）本实验取初载荷 $P_0 = 0.2\ \text{kN}(200\ \text{N})$，终载荷 $P_{\max} = 1\ \text{kN}(1000\ \text{N})$，载荷增量 $\Delta P = 0.2\ \text{kN}(200\ \text{N})$，以后每增加载荷 200 N，记录应变读数 ε_i，共加载五级，然后卸载。再重复测量，共测三次。取数值较好的一组，记录数据。

（4）弯矩测量：将梁上 A 点沿轴线应变片的公共线接至应变仪 1 通道的 B 端子上，另一端接至 1 通道的 A 端子上；梁上 B 点沿轴线应变片的公共线接至应变仪 1 通道的 B 端子上，另一端接至 1 通道的 C 端子上。设置应变仪参数为半桥，未加载时平衡一次,然后转入测量状态。

(5) 重复步骤(3)。

(6) 扭矩测量:将梁上 B 点沿轴线呈 45°角的两个应变片公共线接至应变仪 1 通道的 B 端子上,另一端分别接至 1 通道的 A 端子和 C 端子上。设置应变仪参数为半桥;未加载时平衡测力通道和所选测应变通道电桥(应变部分按平衡键,测力部分按增键),然后转入测量状态。

(7) 重复步骤(3)。

(8) 实验完毕,卸载。将实验台和仪器恢复原状。

五、问题讨论

(1) 测量单一内力分量引起的应变,可以采用哪几种桥路接线法?

(2) 主应力测量中,直角应变花是否可沿任意方向粘贴?

(3) 对测量结果进行分析讨论,产生误差的主要原因是什么?

第七节　同心拉杆实验

一、实验目的

(1) 用电测法测定低碳钢的弹性模量 E。

(2) 验证胡克定律(最大载荷为 4 kN)。

二、实验梁的安装

(1) 同心拉杆的安装示意图如图 2-7-1 所示。

(2) 同心拉杆的调整。

将拉压力传感器安装在蜗杆升降机构上并拧紧,将拉伸杆接头(两个)安装在图 2-7-1 所示的位置并拧紧,摇动手轮使拉压力传感器升到适当位置,将同心拉杆用销子安装在拉伸杆接头的凹槽内,调整支座的位置,使同心拉杆处于自由悬垂状态。

(3) 同心拉杆的贴片。

图 2-7-2 所示为同心拉杆实物图。只贴一枚应变片,贴于梁表面的纵向对称中心线上。

三、实验原理

低碳钢的弹性模量 E 可根据材料力学理论来测定,弹性模量是材料在比例极限范围内应力与应变的比值,即

$$E=\frac{\sigma}{\varepsilon} \tag{2-7-1}$$

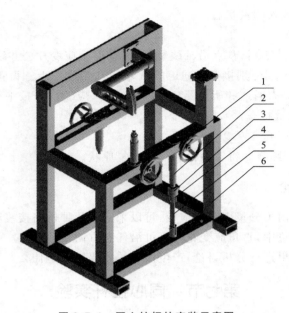

图 2-7-1　同心拉杆的安装示意图
1—手轮;2—蜗杆升降机构;3—拉压力传感器;4—拉伸杆接头;5—同心拉杆;6—台架主体

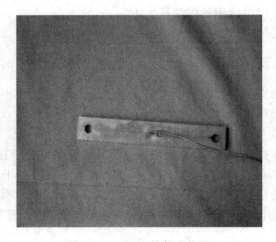

图 2-7-2　同心拉杆实物图

因为 $\sigma=\dfrac{P}{A}$,所以弹性模量 E 又可表示为

$$E=\frac{P}{A\varepsilon} \tag{2-7-2}$$

式中:E 为材料的弹性模量;σ 为正应力;ε 为正应变;P 为实验时所施加的载荷;A 为

以试样截面尺寸的平均值计算的横截面面积。

对于两端铰接的同心拉杆,加力点都位于拉杆纵向轴线上,所贴应变片也位于拉杆纵向轴线上,此时该测点的应力状态可认为是单向应力状态,即只有一个主应力,满足胡克定律。由于材料在比例极限范围内,σ 与 ε 成正比,因此利用试样受到的载荷增量 ΔP 与应变增量的平均值 $\overline{\Delta\varepsilon}$ 之比,可求出 E:

$$E=\frac{\Delta P}{A\ \overline{\Delta\varepsilon}} \qquad\qquad (2\text{-}7\text{-}3)$$

用游标卡尺测量试样的截面尺寸,计算出梁的横截面面积 A;通过拉压力传感器接测力仪即可得到所加载荷增量 ΔP 的大小;把应变片引线与应变仪相连,就可得到该截面处已加载荷增量 ΔP 变化时的应变增量 $\Delta\varepsilon$,进而计算应变增量的平均值 $\overline{\Delta\varepsilon}$。最后由式(2-7-3)即可计算出弹性模量 E。

四、实验步骤

(1) 将拉压力传感器与测力仪连接,接通电源,打开仪器开关,设置测力仪参数。

(2) 将试样上应变片接至应变仪一通道的 A 端子上,公共补偿片接在公共补偿端子上。

(3) 设置应变仪,进入测量状态。

(4) 本实验取初载荷 $P_0=200$ N,终载荷 $P_{max}=1000$ N,载荷增量 $\Delta P=200$ N,以后每增加载荷 200 N,记录应变读数 ε_{dui},共加载五级,然后卸载。

(5) 将实验台和所有仪器恢复原状。

五、问题讨论

(1) 为什么在安装初期,要保证同心拉杆处于自然悬垂状态?

(2) 弹性模量的物理意义是什么?

(3) 为了保证实验数据准确,是否应该两面对称粘贴应变片?

第八节 偏心拉杆实验

一、实验目的

(1) 分别测量偏心拉杆试样中由拉力和弯矩所产生的应力。

(2) 熟悉电阻应变仪的电桥接法,掌握测量组合变形试样中某一种内力因素的一般方法。测定偏心拉杆试样的偏心距 e。

二、实验梁的安装

(1) 偏心拉杆的安装示意图如图 2-8-1 所示。

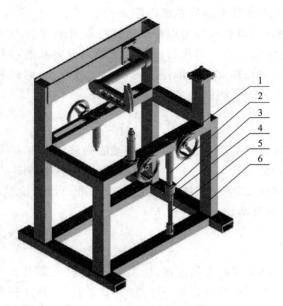

图 2-8-1　偏心拉杆的安装示意图

1—手轮；2—蜗杆升降机构；3—拉压力传感器；4—拉伸杆接头；5—偏心拉杆；6—台架主体

（2）偏心拉杆的安装与调整。

将拉压力传感器安装在蜗杆升降机构上并拧紧，将拉伸杆接头（两个）安装在图 2-8-1 所示的位置并拧紧，摇动手轮使拉压力传感器升到适当位置，将偏心拉杆用销子安装在拉伸杆接头的凹槽内，调整支座的位置，使偏心拉杆处于自由悬垂状态。

偏心拉杆实物图如图 2-8-2 所示。

（3）偏心拉杆的贴片。

偏心拉杆的贴片方法如图 2-8-3 所示，R_a 和 R_b 为两侧平面沿纵向粘贴的应变片，其余三片在横向四等分位置处，另有两片粘贴在与试样材质相同但不受载荷的试样上，供全桥测量时组桥之用。尺寸 $b=30$ mm，$t=5$ mm。

三、实验原理

由全等臂桥电测原理可知，仪器上的读数为

$$\varepsilon_{du}=\varepsilon_1-\varepsilon_2+\varepsilon_3-\varepsilon_4 \tag{2-8-1}$$

从式（2-8-1）中可以看出，相邻两臂应变符号相同时，仪器读数互相抵消；应变符号相异时，仪器读数绝对值是两者绝对值之和。相对两臂应变符号相同时，仪器读数绝对值是两者绝对值之和；应变符号相异时，仪器读数互相抵消。此性质称为电桥的加减特性。利用此特性,采取适当的布片方式和组桥方式,可以分别将组合载荷作用下各内力产生的应变成分单独测量出来,且减小误差,提高测量精度,从而计算出相应的应力和内力,这就是所谓的内力因素测定。

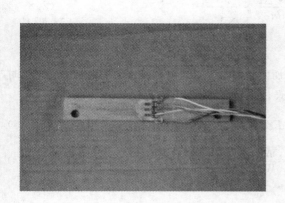

图 2-8-2 偏心拉杆实物图

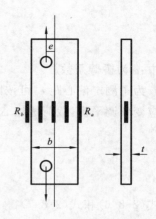

图 2-8-3 偏心拉杆的贴片方法

图 2-8-3 中 R_a 和 R_b 的应变均由拉伸和弯曲两种应变成分组成,即

$$\begin{cases} \varepsilon_a = \varepsilon_F + \varepsilon_M \\ \varepsilon_b = \varepsilon_F - \varepsilon_M \end{cases} \qquad (2\text{-}8\text{-}2)$$

式中:ε_F 和 ε_M 分别为拉伸和弯曲应变的绝对值。

若用图 2-8-4 所示的全桥方式组桥,则由式(2-8-2)得

$$\varepsilon_{du} = \varepsilon_a + \varepsilon_b = 2\varepsilon_F \qquad (2\text{-}8\text{-}3)$$

若用图 2-8-5 所示的半桥方式组桥,则由式(2-8-2)得

$$\varepsilon_{du} = \varepsilon_a - \varepsilon_b = 2\varepsilon_M \qquad (2\text{-}8\text{-}4)$$

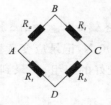

图 2-8-4 全桥方式组桥

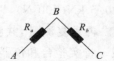

图 2-8-5 半桥方式组桥

通常将仪器读出的应变值与待测应变值之比称为桥臂系数,故上述两种组桥方法的桥臂系数均为 2。

为了测定弹性模量 E,可用图 2-8-4 所示的组桥方法,并等增量加载,即 $P_i = P_0 + i \cdot \Delta P (i = 0, 1, \cdots, 4)$,终载荷 P_4 不应使材料超出弹性范围。当载荷为初载

荷 P_0 时将应变仪调零,每级加载后记录仪器读数 ε_{dui},用最小二乘法计算出弹性模量 E:

$$E = \frac{\alpha \cdot \Delta P}{bt} \cdot \frac{\sum\limits_{i=1}^{4} i^2}{\sum\limits_{i=1}^{4} i\varepsilon_{dui}} \qquad (2\text{-}8\text{-}5)$$

式中:α 为桥臂系数。

为了测定偏心距 e,可按图 2-8-5 所示的半桥方式组桥。当载荷为初载荷 P_0 时将应变仪调平衡,载荷增加 $\Delta P'$ 后,记录仪器读数 ε_{du}。由胡克定律得弯曲应力为

$$\sigma_M = E\varepsilon_M = E \cdot \frac{\varepsilon_{du}}{\alpha} \qquad (2\text{-}8\text{-}6)$$

$$\sigma_M = \frac{M}{W_z} = \frac{\Delta P' e}{W_z} \qquad (2\text{-}8\text{-}7)$$

由式(2-8-6)和式(2-8-7)得

$$e = \frac{EW_z}{\Delta P'} \cdot \frac{\varepsilon_{du}}{\alpha} \qquad (2\text{-}8\text{-}8)$$

四、实验步骤

(1)实验台换上拉伸夹具,安装试样。应变片电阻 $R = 120 \ \Omega$,灵敏系数 $K = 2.00$。

(2)打开仪器电源,将力传感器与仪器测力部分连接,设置参数。

(3)测弹性模量 E,按图 2-8-4 将有关应变片接入所选 BZ2208-A 应变仪通道。每增加载荷 200 N 记录应变读数 ε_{dui},共加载五级,然后卸载,记录数据。

(4)测偏心距 e,按图 2-8-5 将有关应变片接入所选 BZ2208-A 应变仪通道。对所选通道设置为半桥。

(5)本实验取初载荷 $P_0 = 0.5 \ \text{kN}(500 \ \text{N})$,终载荷 $P_{max} = 2.5 \ \text{kN}(2500 \ \text{N})$,载荷增量 $\Delta P = 0.5 \ \text{kN}(500 \ \text{N})$,以后每增加载荷 500 N,记录应变读数 ε_{dui},共加载五级,然后卸载。再重复测量,共测三次。取数值较好的一组,记录到数据列表中。

(6)卸载。将实验台和仪器恢复原状。

注意:偏心拉杆共贴片 5 枚,以上只用其中的 2 枚,其余 3 枚按不同方式接成电桥也可验证结果,方法与上述方法类似。

五、问题讨论

(1)测量偏心距,画出组桥连接简图。

(2)如果应变片有个别开起,如何测量上述参数?

第九节　剪切模量测定实验

一、实验目的

通过扭矩、转角的测定,确定材料的剪切模量 G 。

二、实验设备

扭矩转角显示仪、游标卡尺。

三、实验装置及原理

剪切模量测定实验装置见图 2-9-1,它由实验主架、扭矩传感器、支承架、扭转试样、电阻应变片、转角传感器、加载杆、加载手轮、NZ-2 扭矩转角显示仪等组成。NZ-2 扭矩转角显示仪上有两个显示窗,分别显示扭矩和转角,两个显示窗各有一个置零键。

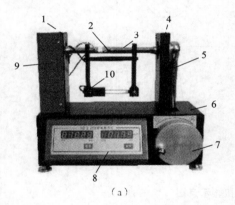
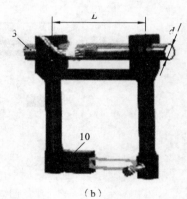

图 2-9-1　剪切模量测定实验装置

1,4—支承架;2—电阻应变片;3—扭转试样;5—加载杆;6—实验主架;
7—加载手轮;8—NZ-2 扭矩转角显示仪;9—扭矩传感器;10—转角传感器

剪切模量测定实验装置上扭转试样的材料为合金钢,直径 d 为 15 mm,转角传感器标距 L 为 100 mm。转角传感器安装在扭转试样上,当旋转加载手轮推动加载杆时,扭转试样就受到扭矩作用,这时 NZ-2 扭矩转角显示仪就会显示那一时刻扭转试样所受的扭矩大小和在此扭矩作用下产生的转角大小。

对于一根长度为 l 的圆轴,在一对扭矩 M_n 的作用下,如图 2-9-2 所示,在其剪切比例极限内,圆轴转角 φ 的计算公式为

$$\varphi = \frac{M_n l}{G I_P} \tag{2-9-1}$$

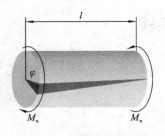

图 2-9-2　圆轴扭转示意图

式中：I_P 为圆轴横截面的极惯性矩，$I_P = \dfrac{\pi d^4}{32}$。

所以，剪切模量 G 的计算公式为

$$G = \frac{M_n l}{\varphi I_P} \tag{2-9-2}$$

在实验装置上，扭转试样一端固定，与扭矩传感器连接，另一端与加载杆连接，转角传感器安装在扭转试样的 A、B 截面，如图 2-9-3(a)所示，A、B 截面间距离为 L。旋转加载手轮，加载杆就对试样施加扭矩 M_n，安装在扭转试样上的转角传感器感测到因转角 φ 变化而产生的变化量 Δ，根据几何关系，如图 2-9-3(b)所示，可知转角 $\varphi = \dfrac{\Delta}{R}$。实验时，扭矩 M_n 和转角 φ 都由扭矩转角显示仪直接指示出来，只要记下相应的数据，就可计算出测定的剪切模量 G。

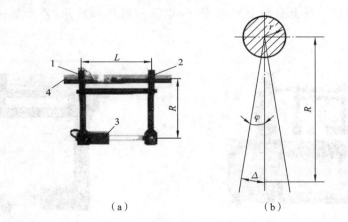

（a）　　　　　　　　　（b）

图 2-9-3　圆轴扭转示意图

1—A 截面；2—B 截面；3—转角传感器；4—扭转试样

四、实验步骤

（1）将本实验装置上的扭矩传感器和转角传感器的五芯航空插头分别连接到扭矩转角显示仪背面相应的五芯航空插座上。

（2）打开扭矩转角显示仪电源，旋转加载手轮，当加载杆松动时，扭转试样不受力，此时对扭矩显示窗置零。

（3）拟定加载方案。本实验可取初扭矩 $M_0 = 10$ N·m，扭矩增量 $\Delta M = 10$ N·m，终扭矩 $M_{max} = 50$ N·m，共加载五级。注意，该装置最大扭矩为 100 N·m，超载会损坏扭矩传感器和转角传感器。

（4）实验加载。均匀缓慢加载至初扭矩 ，记下转角 φ；然后分级等增量加载，每增加一级扭矩，依次记录 φ 值，直到终扭矩，然后卸载。实验重复三次。取数值较好的一组，记录到数据列表中。

（5）做完实验后，卸掉扭矩，关闭电源，整理好所用仪器设备，清理实验现场，将所用仪器设备复原。

五、问题讨论

（1）实验结果和理论计算结果是否一致？
（2）引起误差的主要因素和原因是什么？

第十节　压杆实验

一、实验目的

（1）观察细长中心受压杆件丧失稳定的现象。
（2）用电测实验方法测定各种约束情况下试样的临界力 $P_{cr实}$，增强对压杆承载及失稳的感性认识，加深对压杆承载特性的认识，理解压杆是实际压杆的一种抽象模型。
（3）比较实测临界力 $P_{cr实}$ 与理论临界力 $P_{cr理}$。

二、压杆安装

将拉压力传感器安装在蜗杆升降机构上并拧紧，将支座（两个）放于图 2-10-1 所示的位置并拧紧，摇动手轮使拉压力传感器升到适当位置，将压杆放入支座的凹槽内，如果压杆与上下支座凹槽未充分接触，应调整支座的位置，适当摇动手轮使支座与压杆稍稍接触但不要受力。压杆安装示意图如图 2-10-1 所示。

三、实验原理

本实验采用矩形截面薄杆试样，试样由比例极限较高的弹簧钢制成，两端加工成带小圆弧的刀刃。根据屈服极限计算的柔度 λ_s 约为 60，根据比例极限计算的柔度 $\lambda_P < 100$，试样柔度 $\lambda > \lambda_P$；试样为细长杆，放在上下 V 形槽支座内，压杆变形时两端可绕 z 轴转动，可作为铰支座，压杆约束相当于两端铰支情况。

两端铰支并受到轴向压力 P 的细长压杆（大柔度杆），当 P 很小时承受简单压缩，假如人为地在试样任一侧面扰动让试样稍微弯曲，扰动力去掉以后试样自动恢复原状，即试样轴线仍为直线，说明此时试样处于稳定平衡状态。

假如逐渐地给试样加载，当达到某一 P_{cr} 值时，虽然扰动力去掉，但试样轴线不会

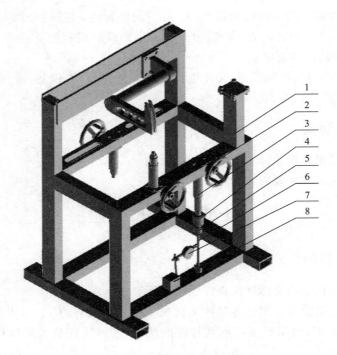

图 2-10-1　压杆安装示意图

1—台架主体；2—手轮；3—蜗杆升降机构；4—拉压力传感器；5—支座；6—压杆；7—百分表；8—磁力表座

再恢复成直线，此时试样即丧失了稳定性，则 P_{cr} 为临界值。

计算细长压杆临界力的欧拉公式为

$$P_{cr理} = \frac{\pi^2 E I_{min}}{(\mu L)^2} \qquad (2\text{-}10\text{-}1)$$

式中：I_{min} 为压杆横截面最小惯性矩；E 为压杆弹性模量，对合金钢取 2.06×10^5 MPa；μ 为压杆长度系数，两端铰支时，$\mu = 1$；L 为压杆长度。

使用本实验装置的用户稍加改装，还可以进行一端固定一端处于铰支状态下的压杆稳定实验。

四、实验步骤

（1）把拉压力传感器上的连接线与数字式测力仪接通，打开测力仪电源，正确设置测力仪的参数（传感器量程、灵敏度等）。

（2）测量压杆尺寸（长 L、宽 b、高 h）。

（3）在实验台上装夹好试样及配件。注：由应变片确定临界载荷时，在试样中段的截面左右各贴一个电阻应变片，进行应变测量，应变值由电阻应变仪读出。由挠度确定临界载荷时，因为事先不知道试样挠度朝向哪一边，所以在试样每侧各放置一个百分表,放置百分表时,应使百分表压进一段刻度,这样就可以读出百分表读数(以此为例)。

(4) 转动手轮,使传感器支座轻松地接触试样,按测力仪增键,使测力仪显示 0;调整百分表,使百分表与试样接触平面垂直,转动表盘使百分表指示 0.00 mm。

(5) 加载。

① 加力手柄顺时针转动为加载,开始的几级载荷可加大些,每次转动手柄垂直移动 0.02～0.03 mm,然后每次转动手柄垂直移动 0.01 mm,记录每次位移量对应的载荷值。

② 在位移-载荷读数过程中,如果发现连续增加位移量 2 或 3 次,载荷值几乎不变,再增加位移量时,载荷值下降或上升,则说明压杆的临界力已出现,应立即停止加载。

③ 卸载,重新装配其他组合方式进行实验,其操作方法如上所述。

(6) 实验完毕,卸载,关闭电源和清理配件。

五、实验结果分析

计算压杆横截面最小惯性矩:

$$I_{\min} = \frac{hb^3}{12}, \quad h > b \tag{2-10-2}$$

计算相对误差:

$$\frac{P_{cr理} - P_{cr实}}{P_{cr理}} \times 100\% \tag{2-10-3}$$

六、问题讨论

(1) 本实验装置与理想情况有哪些不同? 对实验结果会产生什么影响?

(2) 若临界力的实测值远低于理论值,则主要原因是什么?

第十一节　叠 梁 实 验

一、实验目的

(1) 测定叠梁横力弯曲段应变、应力分布规律。

(2) 通过实验和理论分析深化对弯曲变形理论的理解,培养思维能力。

二、实验梁的安装

(1) 叠梁安装示意图如图 2-11-1 所示。

(2) 叠梁的安装与调整。

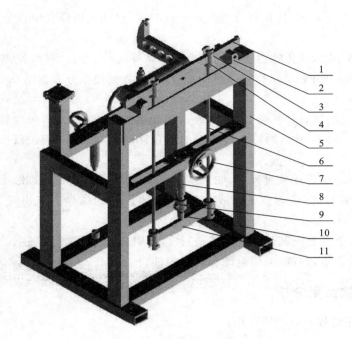

图 2-11-1　叠梁安装示意图

1—叠梁；2—支座；3—销子；4—加力杆接头；5—台架主体；6—加力杆；
7—手轮；8—蜗杆升降机构；9—拉压力传感器；10—压头；11—加载下梁

    将拉压力传感器安装在蜗杆升降机构上并拧紧，将支座（两个）放于图 2-11-1 所示的位置，并使其关于加载中心对称，将叠梁置于支座上，也成对称放置，将加力杆接头（两对）与加力杆（两个）连接，分别用销子悬挂在叠梁上，再用销子把加载下梁固定于图 2-11-1 所示的位置，调整加力杆的位置使两杆都处于铅垂状态并关于加载中心对称。摇动手轮使拉压力传感器升到适当位置，将压头放于图 2-11-1 所示的位置，压头的尖端顶住加载下梁中部的凹槽，适当摇动手轮使拉压力传感器端部与压头稍稍接触。检查加载机构是否关于加载中心对称，如果不对称，应反复调整。

    （3）叠梁的贴片。

    $1^{\#}$、$4^{\#}$ 片分别在上、下平面的纵向对称中心线上，$2^{\#}$、$3^{\#}$ 片分别在上、下梁的纵向对称中心线上，如图 2-11-2 所示。

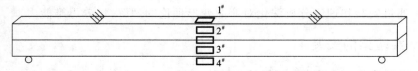

图 2-11-2　叠梁贴片图

三、实验原理

叠梁实验装置与纯弯曲梁实验装置相同,只是将纯弯曲梁换成叠梁,所用材料分别为 45 钢和 Q235 钢。叠梁受力简图如图 2-11-3 所示,由材料力学可知,叠梁横截面弯矩为 $M = M_1 + M_2$,则

$$\frac{1}{\rho} = \frac{M_1}{E_1 I_{z1}} = \frac{M_2}{E_2 I_{z2}} = \frac{M}{E_1 I_{z1} + E_2 I_{z2}} \tag{2-11-1}$$

式中:ρ 为弯曲变形中的中性层曲率半径;I_{z1} 为叠梁 1 截面对 Z_1 轴的惯性矩;I_{z2} 为叠梁 2 截面对 Z_2 轴的惯性矩。

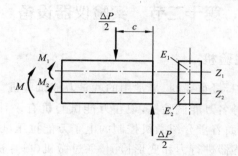

图 2-11-3　叠梁受力简图

因此,叠梁 1 和叠梁 2 正应力计算公式分别为

$$\sigma_1 = E_1 \frac{Y_1}{\rho} = \frac{E_1 M_1 Y_1}{E_1 I_{z1} + E_2 I_{z2}} \tag{2-11-2}$$

$$\sigma_2 = E_2 \frac{Y_2}{\rho} = \frac{E_2 M_2 Y_2}{E_1 I_{z1} + E_2 I_{z2}} \tag{2-11-3}$$

式中:Y_1 为叠梁 1 上测点距 Z_1 轴的距离;Y_2 为叠梁 2 上测点距 Z_2 轴的距离。

在叠梁的纯弯曲段内,沿叠梁的横截面高度方向已粘贴一组应变片。当梁受载后,可由应变仪测得每片应变片的应变,得到实测的沿叠梁横截面高度方向的应变分布规律。由单向应力状态的胡克定律公式 $\sigma = E\varepsilon$ 可求出应力实测值。比较应力实测值与应力理论值,以验证叠梁的正应力计算公式。

四、实验步骤

(1)叠梁单梁截面宽度 $b = 20$ mm,高度 $h = 20$ mm,载荷作用点到梁支点的距离 $c = 100$ mm。

(2)将拉压力传感器与测力仪连接,将梁上应变片的公共线接至应变仪任意通道的 A 端子上,其他接至相应序号通道的 B 端子上,公共补偿片接在公共补偿端子上。

（3）设置应变仪，未加载时平衡测力通道和所选测应变通道。

（4）本实验取初载荷 $P_0 = 0.5$ kN(500 N)，终载荷 $P_{max} = 2.5$ kN(2500 N)，载荷增量 $\Delta P = 0.5$ kN(500 N)，以后每增加载荷 500 N，记录应变读数 ε_{dui}，共加载五级，然后卸载。再重复测量，共测三次。取数值较好的一组，记录数据。

（5）实验完毕，卸载。将实验台和仪器恢复原状。

五、问题讨论

试分析对相对误差影响较大的因素。

第十二节　实验仪器设备

一、电子万能试验机

在材料力学实验中，最重要的、最常用的就是万能试验机。它可以做拉伸、压缩、剪切、弯曲等实验，故得名万能试验机，现在万能试验机有多种类型，如液压式、机械式、电子机械式等。下面着重介绍微机控制的电子万能拉压试验机。

它是采用各类传感器进行力和变形检测，通过微机（单片机、单板机）控制的新型机械式试验机。由于采用了传感技术、自动化检测和微机控制等较先进的测控技术，它不仅可以完成拉伸、压缩、弯曲、剪切等常规实验，还能进行载荷或变形循环、恒加载速率、恒变形速率、蠕变、松弛和应变疲劳等一系列静态、动态力学性能实验。其具有测量精度高、加载控制简单、实验范围宽等特点。配有微机控制的电子万能试验机能提供更好的人机交互界面，具有预设和监控整个实验过程、直接提供实验分析结果和实验报告、可再现实验数据和实验过程等优点。

电子万能试验机的设备组成如图 2-12-1 所示。以 CSS-4400 电子万能试验机为例，具体介绍如下。

CSS-4400 电子万能试验机是中机试验装备股份有限公司（原长春试验机研究所）生产的，主要由主机、电控驱动系统、数据采集（测量）系统、计算机软件四大部分组成，如图 2-12-2 所示。电子万能试验机是用来对金属材料和非金属材料进行拉伸、压缩、弯曲、剪切、剥离等力学性能实验的试验机。如果配备相应附件及编写相应软件，则可实现更多的复杂的功能，如撕裂、循环等。

1. 结构与工作原理

主机的结构组成主要有负荷机架、传动系统、夹持系统与位置保护装置。负荷机架由四立柱支承上横梁与工作台板构成门式框架，两丝杠穿过动横梁两端并安装在上横梁与工作台板之间。工作台板由四脚支承在底板上，且机械传动减速器也固定在工作台板上。工作时，伺服电机驱动机械传动减速器，进而带动丝杠传动，驱使动

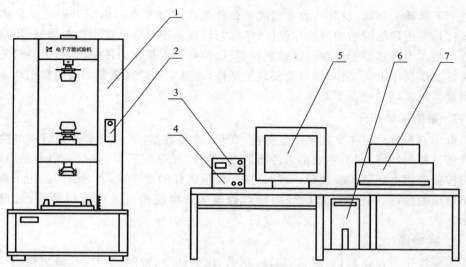

图 2-12-1　电子万能试验机的设备组成

1—主机;2—手探盒;3—控制器;4—功率放大器;5—显示器;6—计算机主机;7—打印机

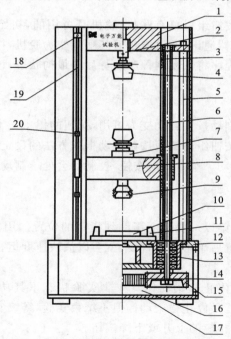

图 2-12-2　CSS-4400 电子万能试验机

1—上横梁;2—万向联轴节;3—防尘罩;4—拉伸夹具;5—立柱;6—滚珠丝杠副;7—负荷传感器;
8—活动横梁;9—上压头;10—下压板;11—弯曲试台;12—工作台;13—轴承组;14—圆弧齿形带;
15—大带轮;16—减速装置;17—底板;18—导向节;19—限位杆;20—限位环

横梁上下移动。实验过程中,力在门式负荷框架内得到平衡。电子万能试验机的传动丝杠是采用带消隙结构的滚珠丝杠,螺母与丝杠的预紧度已在出厂前调好,用户无须再调整。力传感器安装在动横梁上,一只拉伸夹具安装在力传感器上,另一只夹具安装在工作台板上。工作时,只要安装上试样,通过主控计算机启动动横梁驱动系统及测量系统即可完成全部实验。

2. 数据采集部分

电子万能试验机主要用来测量负荷、变形、位移数据,通过三组数据形成的曲线来分析材料的性能;测量系统由力传感器、引伸计、光电编码器、数据采集电路组成;负荷传感器用于测量实验载荷,引伸计用于测量试样的变形量,光电编码器用于测量横梁移动的位移。各个测量信号均经过数据采集电路被送入计算机储存、处理和显示。

3. 实验操作

实验按钮组包括联机/脱机、启动/制动、快速移动、暂停、上升、开始实验、下降、结束实验、摘引伸计和返回。下面分别介绍这 10 个按钮。

(1)联机/脱机。

运行程序后,实验按钮组里只有联机/脱机是可用的,初始显示为联机。用鼠标单击后程序开始与控制器通讯,通讯成功后其功能变为脱机,按钮的提示文字也变为脱机。单击脱机按钮,程序将恢复到程序运行后的最初状态,该按钮也相应变为联机按钮,如此循环。

(2)启动/制动。

程序联机后启动/制动按钮自动变为可用,按钮的提示文字为启动。用鼠标单击后启动控制系统,实验按钮组内其他按钮自动根据方法的设定改变状态,启动按钮的提示文字也相应变为制动。单击制动按钮,控制器会处于制动状态,该按钮也相应变为启动按钮,如此循环。

(3)快速移动。

快速移动是指使横梁以最快速度移动到指定的位置。用鼠标单击后,弹出输入文本框,输入指定的位置后单击确定,横梁就会以最快速度运行到目标位置。

(4)暂停。

暂停按钮的功能是停止横梁动作。在非实验状态下其功能跟结束实验时的相同;在实验状态下其功能是停止横梁动作但不结束实验,继续实验可以按照实验中横梁运行的实际方向单击相应的上升或下降按钮。

(5)上升。

上升按钮的功能是使横梁按照方法中设置的实验速度向上移动。移动后也可通过手动盒上的按钮调节横梁上升速度。

(6)开始实验。

单击开始实验按钮后程序会按照方法中的设定自动进行实验。

（7）下降。

下降按钮的功能是使横梁按照方法中设置的实验速度向下移动。移动后也可通过手动盒上的按钮调节横梁下降速度。

（8）结束实验。

在非实验状态下结束实验按钮的功能是使横梁停止动作；在实验状态下将停止横梁动作并结束实验，提示用户保存数据。

（9）摘引伸计。

如果实验方法中设置了使用引伸计，摘引伸计按钮会在实验状态下变为可用。单击此按钮，程序将停止对引伸计通道的采样，这时才可摘引伸计。如果不单击此按钮就摘引伸计，则摘引伸计时变形通道的非正常变化也将被记录到采样数据中。

（10）返回。

在非实验状态下单击返回按钮，横梁以最快速度自动返回到零点。在实验状态下结束实验后单击此按钮，横梁将返回到实验开始前的位置。

4. 计算机软件部分

（1）实验操作界面。

在非实验状态下，实验操作页的右上侧区域的输入表用于显示、编辑各种参数。在实验状态下，实验操作页的右上侧区域用于绘制实时曲线。该页的左侧是一组实验按钮，下面为各通道显示窗口，如图 2-12-3 所示。

（2）参数定义。

实验方法设置页包含了基本设置、设备及通道、控制与采集三项，如图 2-12-4 所示。

（3）数据处理。

数据处理页用于实验完成后查询、查看、修改、计算、删除、储存、打印、导入或导出数据，如图 2-12-5 所示。

二、扭转试验机

扭转试验机是对金属材料和非金属材料试样进行扭转实验的测量仪器设备，适用于各行业力学实验室和质量检验部门的扭转力学特性实验。按照最大扭矩划分，常见的扭转试验机有 500 N·m、1000 N·m 等不同规格。现以 ND-500C 型扭转试验机为例，简单介绍扭转试验机的结构和原理。

1. 扭转试验机的结构和原理

图 2-12-6 所示为 ND-500C 型扭转试验机。

微机控制扭转试验机由主机、控制系统和测量系统组成。控制系统和测量系统由计算机单元、数字测量控制器（扭矩检测单元、扭角检测单元）、交流伺服调速系统

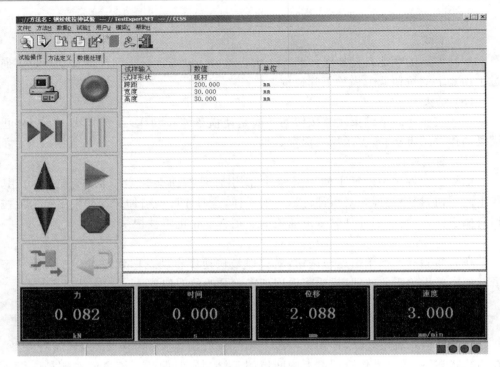

图 2-12-3　实验操作界面

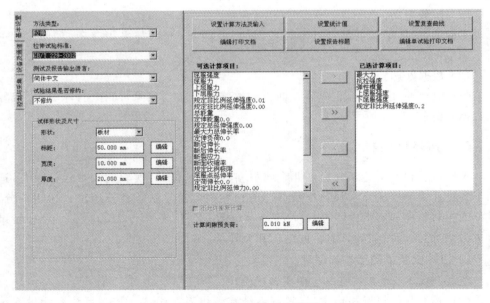

图 2-12-4　实验方法设置页

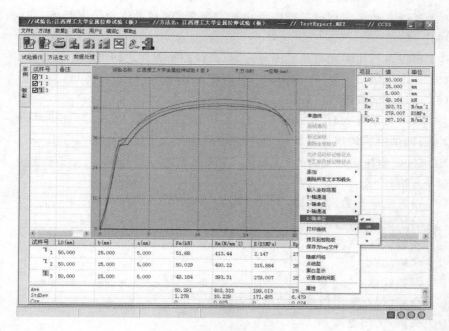

图 2-12-5　数据处理页

图 2-12-6　ND-500C 型扭转试验机

单元组成。该机主要特点如下。

（1）通过计算机的控制，实现对扭矩、扭角的测量，控制工件的运行、停止、正转、反转及进行无级调速。

（2）检测结果反映在计算机的显示器上，并给出相应的工作曲线，工作界面友好，易于观察和操作，实现计算机的自动控制。

（3）传动系统采用高可靠性的电机和减速器，以利于传动的平稳性，同时，减少功率损耗。

（4）可以进行扭矩和扭角二闭环控制，两种控制方式之间可以自动切换。

（5）速度无级可调，根据实验要求可以设置多段实验速度。

（6）可以正向或反向施加扭矩。

（7）被动夹头轴向自由滑动，采用带预紧功能的滑轨，使其在受力时消除倾翻间隙。

2. 扭转试验机的操作步骤

ND-500C 型扭转试验机的操作步骤如下：

（1）开机；

（2）设置实验参数；

（3）对正夹具的夹口；

（4）安装试样；

（5）实验加载；

（6）拆卸试样；

（7）检查、保存数据，打印、输出实验结果；

（8）关机，关闭电源。

3. 注意事项

实验参数设置项比较多，注意初始化，以免用了上一次实验的结果。低碳钢扭转实验的转速可以略高些。

三、多功能力学实验台

1）用途

多功能力学实验台是用于各院校材料力学电测法实验的装置，它将多种材料力学实验集中在一个实验台上进行，使用时稍加调整，即可进行教学大纲规定内容的多项实验。BZ8001 多功能力学实验台如图 2-12-7 所示。

2）特点

多功能力学实验台采用蜗杆机构以螺旋千斤方式加载，经传感器由数字式测力仪测试出力的读数；各试样受力变形，通过应变片由电阻应变仪显示。整机结构紧凑、外形美观、加载稳定、操作省力、实验效果好，易于学生自己动手，有利于提高教学质量。本设备主要可以进行多个实验，所占空间小，还可根据需要，增设其他实验，实验数据也可由计算机处理。

3）主要功能

（1）纯弯曲梁横截面上正应力的分布规律测定。

（2）电阻应变片灵敏系数的标定。

（3）材料弹性模量 E、泊松比 μ 的测定。

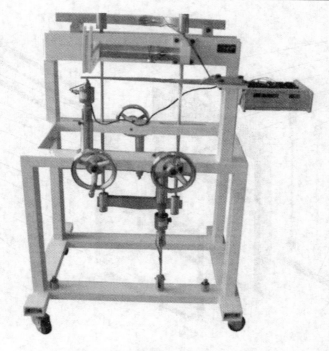

图 2-12-7 BZ8001 多功能力学实验台

（4）偏心拉杆实验。

（5）弯扭组合梁受力分析。

（6）连续梁和叠梁实验（选配）。

（7）压杆实验。

4）技术参数

（1）试样最大作用载荷：8 kN。

（2）加载机构作用行程：55 mm。

（3）手轮加载转矩：0～2.6 N·m。

（4）加载速度：0.13 mm/r（手轮）。

（5）重量：100 kg。

（6）外形尺寸：800 mm×600 mm×1000 mm。

5）结构

本设备的台体由封闭型钢及铸件配制而成，表面经喷塑处理，结构坚固耐用。蜗杆及螺旋机构为内藏式，从而使得机构紧凑。每项实验均配有精密镀铬试样和附件。

6）多功能力学实验台的安装及使用方法

BZ8001 多功能力学实验台主要零部件如图 2-12-8 所示。

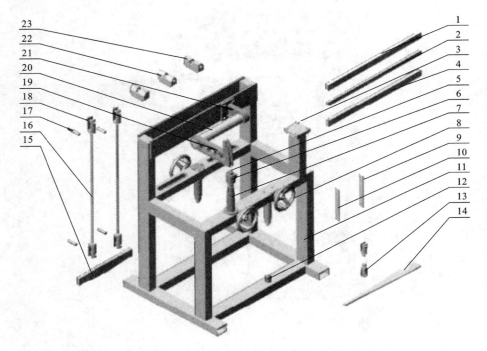

图 2-12-8　BZ8001 多功能力学实验台主要零部件

1—纯弯曲梁；2—连续梁；3—紧固螺钉；4—叠梁；5—压头；

6—拉压力传感器；7—蜗杆升降机构；8—手轮；9—偏心拉杆；

10—同心拉杆；11—主体台架；12—压杆接头；13—拉伸杆接头；14—等强度梁；

15—承力下梁；16—加载杆；17—销子；18—加载杆接头；19—扇形加力架；

20—弯扭组合梁；21—铸铁支座；22—中间支座；23—侧支座

　　将电阻应变片粘贴于实验梁（如等强度梁），并将实验梁按照实验要求固定于实验台，本实验台共有 3 套加载机构（见图 2-12-7），用手转动手轮，就会使蜗杆升降机构在竖直方向上运动，由拉压力传感器输出的信号传递到测量系统，即可随时监测载荷大小。选择适当的桥接方式将实验梁上的电阻应变片接入电阻应变仪，就可以得到实验梁受载荷作用而引起的应变值。

　　中间支座与侧支座为纯弯曲梁、连续梁和叠梁的固定支座，承力下梁、加载杆、销子、加载杆接头为以上三种实验梁的辅助加载装置。拉伸杆接头和扇形加力架为同心拉杆、偏心拉杆和弯扭组合梁的辅助加载部件。

四、静态应变测力仪

1. 安全信息

　　因为静态应变测力仪的多功能化，为了安全、有效地使用它，应该在使用前熟知它的使用方法。

（1）开始测量前,静态应变测力仪应预热 20 min。

（2）使用时,静态应变测力仪应尽可能接近测点,电源地线必须接地。

（3）测量导线应尽可能远离干扰源,如变压器、电机、大型用电设备及动力线。

（4）极性:测量过程中,应变存在极性,阻值增大视为正应变变化。

（5）量程及超量程:按灵敏系数为 2.00、标准量程为 ±19999 $\mu\varepsilon$ 设计。

（6）灵敏系数对量程的影响:灵敏度的取值范围没有限定。

$K=1.80$ 时,实际量程 $=19999\times2.00\div1.80=22221$ $\mu\varepsilon$。

$K=2.60$ 时,实际量程 $=19999\times2.00\div2.60=15384$ $\mu\varepsilon$。

（7）当公共补偿时,公共补偿端悬空或超量程,则所有测点的测量结果不正确或均超量程。

（8）起始点与结束点之间的测点不能悬空,如果存在悬空的测点,可能对它后面的相邻测点有影响。

2. 仪器概述

BZ2208-A 静态应变测力仪是程控静态电阻应变仪和数字式测力仪的完美结合,是在静力强度研究中测量结构及材料任意一点变形量的应力测试仪器。同时它具有测力功能,采用最新电子测量技术,最先进的进口自稳零集成电路,从而确保其高精度、低漂移,可以同时完成应变和力的测量,可精确测量 $1\sim19999$ $\mu\varepsilon$ 的应变信号和 $1\sim5000$ N 的力信号,测量结果直接显示,不必再用计算机软件修正。

BZ2208-A 静态应变测力仪采用低噪声、低漂移放大器,由单片机进行运算和控制,有网络化微机采集,因而该仪器具有稳定性好、测量精度高、体积小、重量轻、便于测试等优点。

（1）单片机控制,各种功能均由前面板按键操作实现。

（2）基于 Windows 操作系统通过复读机串口对测量数据进行应力分析的计算机软件。

（3）应变片灵敏系数 K 可设置,并对测试结果进行自动修正。

（4）设置测试点数:10 点、20 点。

（5）零点自动平衡。

（6）可对测试结果进行多次自动储存,最高存储次数达 99 次。

（7）自动、手动测量方式。

（8）"查看"功能可以查看任意一次测试记录。

（9）通过 RS232 接口,向微机传送测试记录。

（10）可连接成公共补偿,或每个测点分别补偿。

（11）可通过计算机软件进行仪器控制和数据分析。

（12）有网络化微机数据采集和计算处理程序。

3. BZ2208-A **静态应变测力仪前、后面板**

BZ2208-A 静态应变测力仪前、后面板分别如图 2-12-9 和图 2-12-10 所示，其 10 点端子板如图 2-12-11 所示。

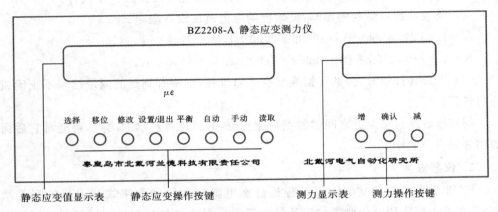

图 2-12-9 BZ2208-A 静态应变测力仪前面板

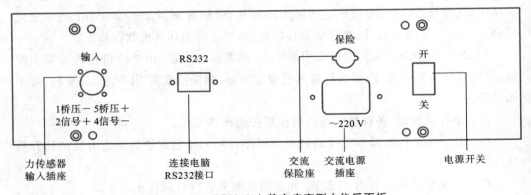

图 2-12-10 BZ2208-A 静态应变测力仪后面板

4. 功能介绍

1）静态电阻应变部分

本章第四节已经介绍。

2）应变部分按钮介绍

应变部分按钮功能如表 2-12-1 所示。

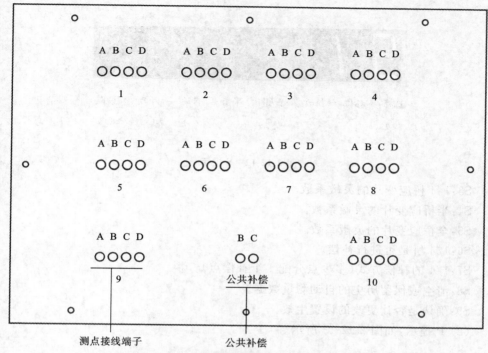

图 2-12-11　BZ2208-A 静态应变测力仪 10 点端子板

表 2-12-1　应变部分按钮功能

按　　钮	功　　能
选择	仪器进行设置时用来选择菜单
移位	仪器进行设置时用来移动闪烁位
修改	仪器进行设置时用来更改闪烁位的数字
设置/退出	功能 1:进入设置菜单状态。功能 2:测量退出或读取退出
平衡	电桥初始调节
自动	仪器自动进行测量,并存储测量数据
手动	对测点进行监测,按动一下切换到下一测点
读取	进入读取数据状态并读取已经存储的测量数据

3）状态提示符说明

（1）S 提示,如图 2-12-12 所示。

S1:1/4 桥测量的结束点。

S2:半桥测量的结束点。

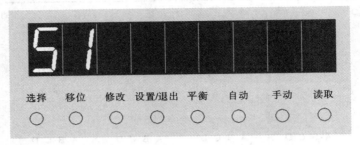

图 2-12-12　S 提示

S3:1/4 桥应变片的灵敏系数。

S4:半桥应变片的灵敏系数。

S5:全桥应变片的灵敏系数。

S6:1/4 桥是否进行补偿。

S7:1/4 的补偿方式(多少点分配 1 个补偿点)。

S8:清空或保留历史的自动测量数据。

S9:确认是否让更改的设置生效。

(2) P 提示,如图 2-12-13 所示。

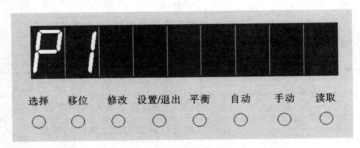

图 2-12-13　P 提示

P0:正在进行平衡。

P1:正在进行自动测量。

P2:正在通过计算机控制仪器对测点进行监测。

P3:正在向电脑发送全部测试记录。

(3) E 提示,如图 2-12-14 所示。

E1:错误 1,所查看的测量次数不存在或仪器没有存储任何测数据。

E2:错误 2,设置的 1/4 桥或者半桥的结束点超出仪器的测点数。

E3:错误 3,设置的 1/4 桥结束点大于设置的半桥结束点。

E4:错误 4,应变片的灵敏系数设置为 0。

E5:错误 5,在设置补偿后没有具体设置好多少点分配 1 个公共补偿点或者补偿

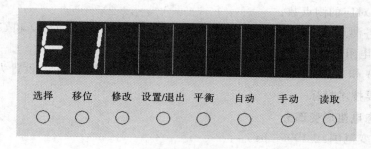

图 2-12-14　E 提示

设置错误。

E6：错误 6，存储的测量数据已满 99 次，存储器将不支持继续测量。

4）各种电桥的连接方法

请打开仪器上盖，每个测点有 A、B、C、D 四个接线端子，如图 2-12-15 所示。

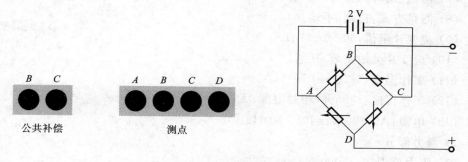

图 2-12-15　接线端子及电桥连接

其中，测点 A 和 D、D 和 C、B 和 C 两端内部均为 $120\ \Omega$ 标准电阻，在 1/4 桥测量时内部电阻全部连接，半桥测量时 A 和 D、D 和 C 两端内部电阻全部连接，全桥测量时所有内部电阻全部断开。

仪器公共补偿点有 B 和 C 两个接线端子，在设置补偿的情况下才参与测量。

1/4 桥无补偿：各测点 A 和 B 两端接测量片；A 和 D、D 和 C、B 和 C 两端内部 $120\ \Omega$ 标准电阻全部自动连接，由测量片与内部电阻组成惠斯通电桥，此时测量片的阻值必须为 $120\ \Omega$；S6 设置为"0"。

1/4 桥独立补偿：各测点 A 和 B 两端接测量片；B 和 C 两端接补偿片，A 和 D、D 和 C 两端内部 $120\ \Omega$ 标准电阻全部自动连接；S6 设置为"0"。

1/4 桥公共补偿：各测点 A 和 B 两端接测量片，测点对应的补偿点 B 和 C 两端接补偿片，A 和 D、D 和 C 两端内部 $120\ \Omega$ 标准电阻全部自动连接，由测点应变片、补偿点应变片和内部电阻组成惠斯通电桥；S6 设置为"1"，并可通过 S7 设置来更改一个补偿点对应的测点数。

半桥:各测点 A 和 B 两端、B 和 C 两端均接测量片;A 和 D、D 和 C 两端内部 120 Ω 标准电阻全部自动连接;S6 设置为"0"。

全桥:A 和 B、B 和 C、A 和 D、D 和 C 两端全部连接测量片;S6 设置为"0"。

5. 主要技术指标

1)静态电阻应变部分

(1)应变范围:±19999 $\mu\varepsilon$。

(2)分辨率:1 $\mu\varepsilon$。

(3)精度:满量程 0.1% ±1$\mu\varepsilon$。

(4)平衡范围:满量程

(5)供桥电压:DC 2 V。

(6)零点漂移:±1 $\mu\varepsilon$/h。

(7)测试点数:10、20。

(8)测量方式:自动、手动。

(9)应变片阻值:60~1000 Ω。

(10)应变片灵敏系数:任意。

(11)工作温度:−10~+50 ℃。

(12)工作湿度:≤85%(相对湿度,无冷凝)。

(13)电源:AC 220 V±10% 50 Hz。

2)测力部分

(1)测力范围:0~5000 N。

(2)分辨率:1 N。

(3)读数方式:三位半数字表。

(4)传感器电阻:350 Ω、700 Ω。

(5)桥压:DC 10 V。

(6)精度:0.1%。

五、静态应变采集分析系统

1. 引言

BZ2205C 静态应变采集分析系统是一套基于 Windows 操作系统通过计算机 com(串口)来控制静态电阻应变仪进行工作并对其测量数据进行应力分析的软件(升级版)。

2. 安装

每一用户都会配备一张软件光盘。将软件光盘放入计算机中,可安装软件。

3. 控制窗口详解

控制窗口是控制仪器和软件工作的主要部分。

窗口分为串口选择、通道选择、查看、设置、平衡、测量、初始化、同时测量、定时测量、关于几部分。

串口选择：通过鼠标单击来选择 BZ2205C 程控静态电阻应变仪或 BZ2205C 应变仪专用集线器与计算机的连接口（一般个人用计算机通常为 2 个串口）。

通道选择：用于有 BZ2205C 应变仪专用集线器时的通道选择，当只有一台应变仪直接与计算机连接时无须改动。

平衡：鼠标单击后，BZ2205C 程控静态电阻应变仪会自动平衡所有通道应变仪测点，平衡完毕后不返回任何信息。如果想确认平衡点数据，鼠标单击"同时测量"来回传平衡状态测点应变数据。

测量：鼠标单击后，BZ2205C 程控静态电阻应变仪会自动测量所有测点，自动测量完成后，本次测量的所有数据会回传到中间功能界面中的"原始数据表"中。第一次测量为第一级（第一次测量），第二次测量为第二级（第二次测量），依次进行。如果所测量通道数据已满，会提示，需要用"初始化"将数据清除后才能测量。

初始化：如果单击"当前通道"，则只清空通道选择框内的通道内存数据，如果单击"全部通道"则清空联机的所有通道内存数据。初始化前请将有用采集数据上传保存到电脑（单击"单通道历史数据"按钮即可将单通道历史数据传到电脑，再单击"保存"按钮将数据保存到电脑，单击"初始化"按钮清空数据）。

定时测量：在软件左边的控制窗口中，有两个上下箭头按钮可调整后面定时时间显示窗里的时间数据，来选择想进行自动测量的时间间隔，单位为 min。定时时间选定后鼠标单击"启动定时"按钮，软件进入定时测量状态，计时窗口进入计时状态，例如定时时间为"5 min"，则每 5 min 控制仪器自动进行一次测量并把测量数据回传到中间功能界面中的"原始数据表"中。如果需停止定时，则鼠标单击"结束定时"按钮，只用于当前通道。

4. 历史数据窗口详解

窗口分为单通道历史数据、多通道本次数据、保存、打开、文本框几部分。

单通道历史数据：鼠标单击后，将把当前通道仪器存储的所有数据传送给软件并显示在文本框中。

多通道本次数据：鼠标单击后，将把所有通道仪器存储的本次数据依次传送给软件并显示在文本框中。

保存：鼠标单击出现保存对话框，可以自定义保存的文件名称，文本框里的所有数据内容将被保存为 .txt 或 .dat 的文件格式存储到计算机里。

打开：鼠标单击出现打开对话框，可以用来打开保存好的历史记录文件。

5. 软件菜单栏详解

Windows 风格的菜单栏已经被电脑使用者所熟悉，本软件菜单栏主要分为系统、查看、其他 3 个部分。

系统：主要是退出功能，结束使用本软件时使用此功能返回 Windows 界面。

查看：用来打开绘图、监测和数据处理窗口。

其他：包括联系我们、主页浏览和关于，分别为本公司邮件地址、浏览本公司主页和查看软件版本信息的快捷方式。

6. 功能界面详解

中间部分为软件的主要功能界面，只用于单台应变仪，分为原始数据表、单点多级绘图、多点单级绘图、单点监测窗口、数据处理窗口 5 个部分。

软件系统启动时中间部分默认的为"原始数据表"部分，其余 4 个部分可以通过菜单栏的"查看菜单"来调出。

7. 原始数据表

"原始数据表"是显示软件控制测量结果的一个表格。每次测量后的数据将自动显示在表格中，可以通过上下按钮来选择测量级数，查看某次测量级数的数据。

8. 数据处理窗口

数据处理窗口分为两部分：一部分为测量数据到应力的转换，另一部分为 1/4 桥测量时应变片贴成花片的应力分析。测量数据为原始数据表里的任何级数的数据，回传数据是在历史数据窗口中回传或打开的数据，存储数据是通过原始数据表保存到计算机里的数据。

应变到应力的转化要通过填写一些参数运算来实现，表格下面有参数代入和系数代入两个选项。如果选择参数代入则填好相应的弹性模量和处理数据的测量类型（1/4 桥、半桥、全桥）即可；如果想自己代入修正系数则选择系数代入即可，处理数据与修正系数是相乘的关系，并且要注意测量类型，因为在代入修正系数进行转换运算时软件不会分析测量类型，计算修正系数时把测量类型考虑进去。

选择好相应的单位后全部填写完毕。单击"转换"按钮，数据将显示为应力数据。可以通过保存把应力数据以 .xls 格式保存到计算机里。本软件支持对回传和已经保存到计算机里的文件的应力分析处理，但不支持绘图分析。如果想进行绘图分析，尽可能用软件进行测量后再做绘图分析。

第三章　流体力学设备操作实验

第一节　雷诺实验

一、实验目的

（1）观察流体在管道中的两种流动状态。

（2）测定几种流速状态下的雷诺数，并学会用体积测流量的方法。

（3）了解流态与雷诺数的关系，并验证下临界雷诺数 $Re_{cr} = 2000$。

二、实验设备

流体力学综合实验台中，雷诺实验涉及的部分有恒压水箱、雷诺实验管、阀门、颜料水（红墨水）盒及其控制阀门、上水阀、出水阀、水泵和计量水箱等，此外，还有秒表、水杯、电子秤及温度计，如图 3-1-1 所示。

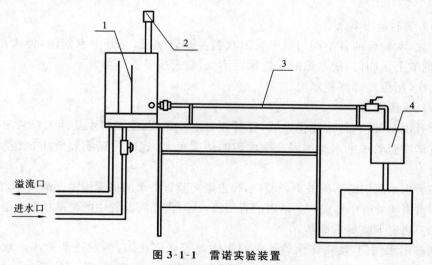

图 3-1-1　雷诺实验装置

1—恒压水箱；2—颜料水盒；3—雷诺实验管；4—计量水箱

三、实验原理

层流和紊流的根本区别在于层流各流层间互不掺混，只存在黏性引起的各流层间的滑动摩擦力；紊流时则有大小不等的涡体动荡于各流层间。当流速较小时，会出现分层、有规则的流动状态,即层流。当流速增大到一定程度时,液体质点的运动轨迹是极不规则的,各部分流体互相剧烈掺混,就是紊流。

反之,实验时的流速由大变小,则上述观察到的流动现象以相反程序重演,但由紊流转变为层流的临界流速小于由层流转变为紊流的临界流速。v_{cr}称为临界流速。雷诺用实验说明流动状态不仅和流速v有关,还和管径d、流体的动力黏滞系数μ、密度ρ有关。以上四个参数可组合成一个无因次数,叫作雷诺数,用Re表示:

$$Re=\rho vd/\mu=vd/\nu \qquad (3\text{-}1\text{-}1)$$

式中:ν为流体的运动黏度系数。

对应于临界流速的雷诺数称为临界雷诺数,用Re_{cr}表示:

$$Re_{cr}=\rho v_{cr}d/\mu=2000 \qquad (3\text{-}1\text{-}2)$$

工程上,假设当Re大于2000时,流动状态为紊流。这样,流动状态的判别条件如下。

层流:

$$Re=\rho vd/\mu<2000$$

紊流:

$$Re=\rho vd/\mu>2000$$

四、实验步骤

(1)实验前准备工作。

首先,实验台的各个阀门处于关闭状态。开启水泵,全开上水阀门,使水箱注满水,再调节上水阀门,使水箱的水位保持不变,并有少量流体溢流。

其次,用温度计测量水温。

(2)观察流态。

全开出水阀门,待水流稳定后,打开颜料水控制阀,使颜料水从注入针流出,颜料水和雷诺实验管中的水迅速混合成均匀的淡颜色水,这时雷诺实验管中的流动状态为紊流。

随着出水阀门的不断关小,颜料水和雷诺实验管中水的掺混程度逐渐减小,直至颜料水在雷诺实验管中形成一条清晰的直线流,这时雷诺实验管中的流动状态为层流。

(3)测定下临界雷诺数。

调整出水阀门,使雷诺实验管中的流体处于紊流状态,然后逐渐关小出水阀门,观察管内颜料水的流动情况。当出水阀门关小到某一程度时,管内的颜料水抖动并将成为一条直线,即紊流转变为层流的下临界状态,这时,用计量水箱从出水阀门接下一定量的流体,测出总体积V_t,并测出接流体所用的时间T,将数据记入表3-1-1。

注意:用体积法测流量时,时间T不小于60 s。

根据$Q=V_t/T$算出流量大小,根据$v=4Q/(\pi d^2)$算出流速,最后根据式(3-1-2)求出对应的下临界雷诺数。

（4）测定上临界雷诺数。

当出水阀门开得很小时，能看见颜料水在雷诺实验管中形成一条清晰的直线流（为层流）。然后，逐渐开大阀门，当其开大到某一程度时，管内的颜料水抖动至断裂，即层流转变为紊流的上临界状态，这时，记录数据于表 3-1-2，用式（3-1-2）求出上临界雷诺数。

五、注意事项

（1）每调节阀门（上水阀门与下水阀门之间的阀门）一次，均需等待流速稳定几分钟。

（2）在关小阀门（上水阀门与下水阀门之间的阀门）过程中，只允许逐渐关小，不许开大。随着出水量的不断减少，应关小上水阀门，以减少溢流量引起的振动。

六、实验结果

记录有关常数：计量水箱面积 $S=$ _____ cm^2，水温 $t=$ _____ ℃，管径 $d=$ _____ cm，水的运动黏度系数 $\nu=$ _____ m^2/s。

表 3-1-1　紊流→层流实验数据记录表

次数 （紊流→层流）	盛水 时间 T/s	水箱液面 初始高度 h_0/cm	水箱液面 总高度 h/cm	流体体积 $V_t=S(h-h_0)$ m^3	流量 $Q=V_t/T$ m^3/s	流速 $v=4Q/(\pi d^2)$ m/s	雷诺数 $Re=vd/\nu$
1							
2							
3							
下临界雷诺 数平均值							

表 3-1-2　层流→紊流实验数据记录表

次数 （层流→紊流）	盛水 时间 T/s	水箱液面 初始高度 h_0/cm	水箱液面 总高度 h/cm	流体体积 $V_t=S(h-h_0)$ m^3	流量 $Q=V_t/T$ m^3/s	流速 $v=4Q/(\pi d^2)$ m/s	雷诺数 $Re=vd/\nu$
1							
2							
3							
上临界雷诺 数平均值							

七、问题讨论

（1）测定下临界雷诺数时，在关小阀门过程中，只允许逐渐关小，不允许开大，为什么？

（2）上、下临界雷诺数分别如何定义，验证圆管临界雷诺数时，选取哪个值与2000进行比较，为什么？

第二节　能量方程实验

一、实验目的

（1）观察流体经能量方程（又称伯努利方程）实验管时的能量转化情况，并对实验中出现的现象进行分析，从而加深对能量方程的理解。

（2）掌握量杯测平均流速和毕托管测流速的方法。

（3）验证流体恒定总流的能量方程。

二、实验设备

流体力学综合实验台中，能量方程实验部分涉及恒压水箱、能量方程实验管、上水阀门、出水阀门、水泵、压差板和计量水箱等，详见图3-2-1。

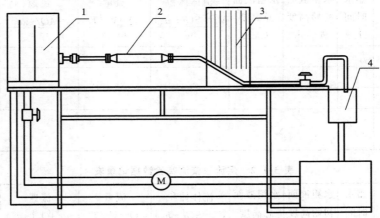

图 3-2-1　能量方程实验装置简图

1—恒压水箱；2—能量方程实验管；3—压差板；4—计量水箱

三、实验原理

1. 能量方程

对于总流的任意截面，有

$$z + \frac{p}{\gamma} + \frac{v^2}{2g} = 常数 \qquad (3\text{-}2\text{-}1)$$

式（3-2-1）中各参数的物理意义、水头名称和能量解释如下。

（1）z 是截面相对于选定基准面的高度，水力学中称为位置水头，表示单位重量的位置势能，简称单位位能。

（2）$\frac{p}{\gamma}$ 是截面压强作用使流体沿测压管所能上升的高度，水力学中称为压强水头，表示单位重量的压强势能，简称单位压能。

（3）$\frac{v^2}{2g}$ 是以截面平均流速 v 为初速的铅直上升射流所能达到的理论高度，流体力学中称为流速水头，表示单位重量的动能，简称单位动能。

2. 毕托管测速

能量方程实验管上的四组测压管的任意一组都相当于一个毕托管，可测得管内的流体速度。由于本实验台将总测压管置于能量方程实验管的轴线上，因此，测得的动压头代表轴心处的最大流速。毕托管求测点速度的公式为

$$u_{\max} = \sqrt{2g\Delta H} \qquad (3\text{-}2\text{-}2)$$

式中：$u_{\max}$ 为毕托管测点处的流速；ΔH 为毕托管总水头与测压管水头之差。

在进行能量方程实验的同时，可以测出各点的轴心速度和平均速度，平均速度 $v = 0.8 u_{\max}$。

四、实验步骤

1. 实验前准备工作

首先，开启水泵，全开上水阀门使水箱注满水，再调节上水阀门，使水箱水位始终保持不变，并有少溢流。

其次，用温度计测量水温 t。

2. 记录阀门关闭状态下各测压管的读数

关闭阀门，测定能量方程实验四组测压管的液面高度，记下各测压管的读数，填入表 3-2-1，请注意此时各测压管读数应保持相同。如果不相同，请用吸耳球对个别测压管进行排气。

3. 记录各测压管的读数与流体平均速度，保证两者在相同开度下进行

首先，调节出水阀门至某一开度，测定能量方程实验管的四组截面，八根测压管的液面高度，此时注意阀门开度不能太小，以保证能读出测压管 3、4 的液面差为最小开度标准，记录此开度下各测压管的读数，填入表 3-2-1。

然后，保持阀门开度不变，用体积法测定平均速度。具体操作方法为：用计量水箱从出水阀门接下一定量的流体，测出总体积，并用秒表测出接流体所用的时间 T。

根据 $Q=V_t/T$ 及 $v=4Q/(\pi d^2)$ 算出流量及流速大小,填入表 3-2-2。注意:用体积法测流速时,计量水箱高度差不小于 10 cm。

再改变阀门开度两次,重复上述实验,并分别记下各测压管的读数,以及总体积 V_t 和时间 T,填入表 3-2-1 及表 3-2-2。

4. 用毕托管方法计算流速

根据步骤 3 中的测量数据,管轴中心处流速 $u_{max}=\sqrt{2g\Delta H}$,平均速度 $v=0.8u_{max}$,算出 ΔH、u_{max} 及平均速度 v,填入表 3-2-3。

5. 验证能量方程

根据表 3-2-1、表 3-2-2、表 3-2-3 中的数据,计算表 3-2-4 中对应截面的水头损失,其理论值见表 3-2-5。

五、注意事项

(1) 用测压管读数据时,视线与液面保持水平,读凹液面最低点对应的数据。

(2) 实验数据记录表中,所有标记"开度 1"的阀门状态均为同一开度。

六、实验结果

记录有关常数:计量水箱面积 $S=$ _____ cm²,截面 I 测压管(1—2、5—6、7—8)的直径 $d=$ _____ mm,截面 II 测压管(3—4)的直径 $d=$ _____ mm。

表 3-2-1　各测压管读数记录($z+p/\gamma$)表

阀门状态	测压管 1 读数/cm	测压管 2 读数/cm	测压管 3 读数/cm	测压管 4 读数/cm	测压管 5 读数/cm	测压管 6 读数/cm	测压管 7 读数/cm	测压管 8 读数/cm
关闭	各管读数相同,液面高度均为 _____							
开度 1								
开度 2								
开度 3								

表 3-2-2　体积法测流速实验数据记录表

阀门状态	盛水时间 T/s	水箱液面初始高度 h_0/cm	水箱液面总高度 h/cm	流体体积 $V_t=S(h-h_0)$ cm³	流量 $Q=V_t/T$ cm³/s	流速 $v=4Q/(\pi d^2)$ cm/s	
						截面 I (v_1)	截面 II (v_2)
开度 1							
开度 2							
开度 3							

表 3-2-3　毕托管测流速实验数据记录表

阀门状态	截面Ⅰ(1—2)			截面Ⅰ(5—6)			截面Ⅰ(7—8)			截面Ⅱ(3—4)		
	H_1-H_2 /cm	u_{max} /(cm/s)	v /(cm/s)	H_5-H_6 /cm	u_{max} /(cm/s)	v /(cm/s)	H_7-H_8 /cm	u_{max} /(cm/s)	v /(cm/s)	H_3-H_4 /cm	u_{max} /(cm/s)	v /(cm/s)
开度1												
开度2												
开度3												

表 3-2-4　验证黏性流体的能量方程实验数据记录表(实验值)

阀门状态	各截面总水头 H_i/cm				各截面间水头损失 h_L/cm					
	1—2 (H_1)	3—4 (H_3)	5—6 (H_5)	7—8 (H_7)	h_{L1-3} (H_1-H_3)	h_{L1-5} (H_1-H_5)	h_{L1-7} (H_1-H_7)	h_{L3-5} (H_3-H_5)	h_{L3-7} (H_3-H_7)	h_{L5-7} (H_5-H_7)
开度1										
开度2										
开度3										

表 3-2-5　验证黏性流体的能量方程实验数据记录表(理论值)

阀门状态	各截面总水头 H_i/cm				各截面间水头损失 h_L/cm					
	1—2 $[H_2+v_1^2/(2g)]$	3—4 $[H_4+v_2^2/(2g)]$	5—6 $[H_6+v_1^2/(2g)]$	7—8 $[H_8+v_1^2/(2g)]$	h_{L1-3}	h_{L1-5}	h_{L1-7}	h_{L3-5}	h_{L3-7}	h_{L5-7}
开度1										
开度2										
开度3										

七、问题讨论

(1) 运用沿总流的能量方程时所选取的两个截面之间是否可以有急变流?

(2) 实验过程中,与其他截面相比,测压管 3、4 液面差值较小,试分析原因。

(3) 流量增加时,各截面测压管水头与总水头沿程变化趋势有何不同? 为什么?

(4) 如何利用实验数据,验证黏性流体恒定总流的能量方程?

第三节　动量定律实验

一、实验目的

(1) 验证不可压缩液体恒定总流的动量方程。

（2）了解活塞式动量方程实验仪原理、构造，进一步启发与培养创造性思维。

二、实验设备

动量方程实验仪由自循环供水器、水位调节阀、恒压水箱、管嘴、集水箱、带活塞套的测压管、带活塞和翼片的抗冲平板、上回水管等组成。

水泵的开启、流量大小的调节可由调速器控制，水流经供水管供给恒压水箱，溢流水经回水管流回蓄水箱；流经管嘴的水流形成射流，冲击带活塞和翼片的抗冲平板，并以与入射角成 90°的方向离开抗冲平板，抗冲平板在射流冲力和测压管中的水压力作用下处于平衡状态。活塞形心水深可由测压管测得，由此可求得射流的冲力，即动量力 F 可由管嘴射流速度据动量方程求得。

为了自动调节测压管内的水位，以使抗冲平板受力平衡并减小摩擦阻力对活塞的影响，本实验装置应用了自动控制的反馈原理和动摩擦减阻技术。

带活塞和翼片的抗冲平板和带活塞套的测压管见图 3-3-1。该图所示为活塞退出活塞套时的分部件示意图。活塞中心设有一细导水管，进口端位于抗冲平板中心，出口端伸出活塞头部，出口方向与轴向垂直。在抗冲平板上设有翼片，活塞套上设有窄槽。

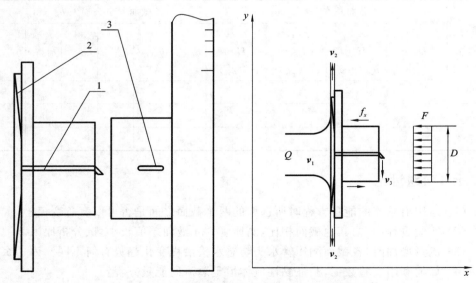

图 3-3-1　活塞退出活塞套时的分部件示意图
1—导水管；2—翼片；3—窄槽

工作时，在射流冲击力作用下，水流经导水管向测压管内加水。当射流冲击力大于测压管内水柱对活塞的压力时，活塞内移，窄槽关小，水流外溢减少，使测压管内水位升高，水压力增大；反之，活塞外移，窄槽开大，水流外溢增多，使测压管内水位降低,水压力减小。在恒定射流冲击下,经短时段的自动调整,射流冲击力和水压力即可达到平衡状态。这时活塞处在半进半出、窄槽部分开启的位置上,过导水管流进测压管的水量和过窄槽外溢的水量相等。由于抗冲平板上设有翼片,在水流冲击下,抗冲平板带动活塞旋转,因此克服了活塞在沿轴向滑移时的静摩擦力。

为验证本实验装置的灵敏度,只要在实验中的恒定总流受力平衡状态下,人为地增减测压管中的液面高度,可发现即使改变量不足总液面高度的 ±5‰(约 0.5～1 mm),活塞在旋转下亦能有效克服动摩擦力而做轴向位移,开大或关小窄槽,使过高的水位降低或过低的水位升高,恢复到原来的平衡状态。这表明该实验装置的灵敏度高达 0.5‰,即活塞轴向动摩擦力不足总动量力的 5‰。

三、实验原理

恒定总流动量方程为

$$\sum \boldsymbol{F} = \rho Q(\beta_2 \boldsymbol{v}_2 - \beta_1 \boldsymbol{v}_1)$$

式中:$\sum \boldsymbol{F}$ 为控制体受到的合外力;ρ 为水的密度;Q 为射流流量;v_2、v_1 分别为流出、流入截面的水流速度;β_2、β_1 分别为流出、流入截面的动量修正系数。

取控制体如图 3-3-1 所示,由于滑动摩擦阻力水平分力 $f_x < 0.5\% F_x$,可忽略不计,故 x 轴方向的动量方程化为

$$F_x = -p_c A = -\rho g h_c \frac{\pi}{4} D^2 = \rho Q(0 - \beta_1 v_{1x})$$

式中:F_x 为控制体在 x 轴方向受到的作用力;A 为活塞面积;h_c 为活塞形心处的水深;D 为活塞直径;v_{1x} 为射流速度;g 为重力加速度。

由此可得

$$\rho Q \beta_1 v_{1x} - \rho g h_c \frac{\pi}{4} D^2 = 0$$

实验中,在平衡状态下,只要测得 Q 和 h_c,由给定的管嘴直径 d 和活塞直径 D,代入上式,便可率定 β_1 值,并验证动量方程。其中,测压管的标尺零点已固定在活塞的圆心处,因此液面标尺读数为作用在活塞圆心处的水深。

四、实验步骤

(1)开启水泵:打开调速器开关,水泵启动 2～3 min 后,关闭 2～3 s,以利用回水排除离心式水泵内的空气。

(2)调整测压管位置:待恒压水箱满顶溢流后,松开测压管固定螺丝,调整方位,要求测压管垂直、螺丝对准十字中心,使活塞转动松快,然后旋转螺丝固定好。

(3)测读水位:标尺的零点已固定在活塞圆心的高程上。当测压管内液面稳定时,记下测压管内液面的标尺读数,即 h_c 值。

（4）测量流量：用体积法或重量法测流量时，每次时间要求大于 20 s，若用电测仪测流量，则须在仪器量程范围内。

（5）改变水头，重复实验：逐次打开不同高度上的溢水孔盖，改变管嘴的作用水头。调节阀门，使溢流量适中，待水头稳定后，按步骤（4）、步骤（5）重复进行实验。

（6）验证 $v_{2x} \neq 0$ 对 F_x 的影响：取下平板活塞，使水流冲击到活塞套内，调整好位置，使反射水流的回射角度一致，记录回射角度的目估值、测压管作用水深 h'_c 和管嘴作用水头 H_0。

五、实验结果

记录有关常数：活塞直径 $D=$ _____ cm。

将实验中测量的数据填入表 3-3-1 中。

表 3-3-1　动量修正系数记录表

次数	管嘴作用水头 H_0/cm	活塞作用水头 h_c/cm	流量 Q /(cm³/s)	速度 v_{1x} /(cm/s)	动量修正系数 $\beta_1 = \dfrac{gh_c\pi D^2}{4Qv_{1x}}$	动量修正系数平均值
1						
2						
3						
4						
5						

六、问题讨论

（1）绘制控制体受力图，阐明理论分析计算的过程。

（2）通过对动量与流速、流量、出射角度等因素间相关性的分析研讨，进一步分析各因素对动量方程的影响。

第四节　沿程水头损失实验

一、实验目的

（1）掌握流体在管道中流动时能量损失的测量和计算方法。

（2）分析圆管稳定流动的水头损失规律，测定各种情况下水头损失 h_f 与平均流速 v 的关系，并与理论比较。

（3）测定流体在等直圆管中流动，雷诺数 Re 不同时的沿程阻力系数 λ，确定它们之间的关系,并与莫迪图对比,分析其合理性。

二、实验设备

流体力学综合实验台中,沿程水头损失实验部分涉及储水箱、沿程水头损失实验管、进水阀门、出水阀门、水泵、测压管等。

三、实验原理

流体在管道中流动时,由于流体具有黏性,产生阻力,阻力表现为流体的能量损失。本实验所用的管道水平放置且等直径,当对长度为 l 的两截面列能量方程(不计局部损失)时,可以求得 l 长度上的沿程水头损失 h_f:

$$h_f = \lambda \frac{l}{d} \frac{v^2}{2g} = \frac{p_1}{\rho g} - \frac{p_2}{\rho g} = \frac{\Delta p}{\rho g} = \Delta h \qquad (3\text{-}4\text{-}1)$$

式中:λ 为沿程阻力系数;d 为管道内径;g 为重力加速度;v 为管内流体的平均流速;Δh 为两截面间测压管水头差。

由式(3-4-1)可以得到沿程阻力系数 λ 的表达式:

$$\lambda = \frac{d}{l} \frac{2g}{v^2} h_f = \frac{d}{l} \frac{2g}{v^2} \Delta h \qquad (3\text{-}4\text{-}2)$$

沿程阻力系数 λ 在层流时只与雷诺数有关,而在紊流时则与雷诺数、管壁粗糙度有关。当管道粗糙度保持不变时,可得出该管道的 $\lambda\text{-}Re$ 的关系曲线。

四、实验步骤

(1)实验前的准备工作。

首先,全开出水阀门,关闭进水、上水阀门,使得水流完全由进水阀门调节。开启水泵后,配合调节进水、出水阀门,进行实验装置的通水排气工作。

其次,用温度计测量水温 t。

(2)调节进水、出水阀门,使压差达到测压计可测量的最大高度(若有水从测压管中溢出,则适当减小进水阀门开度;若管道中出现大气泡,则适当减小出水阀门)。通过进水、出水阀门的配合调节,达到改变流量的目的。每次调节流量时,均需稳定 $2\sim3$ min,流量越小,稳定时间越长;测流量的同时,需测量测压管液面高度。共测定 10 组数据,所测数据填入表 3-4-1。

(3)若管内液面发生波动,应取平均值。

五、实验结果

记录有关常数:计量水箱面积 $S = \underline{\hspace{2cm}}$ cm^2,水温 $t = \underline{\hspace{2cm}}$ ℃,水的密度 $\rho = \underline{\hspace{2cm}}$ kg/m^3,水的运动黏度系数 $\nu = \underline{\hspace{2cm}}$ m^2/s,管道内径 $d = \underline{\hspace{2cm}}$

cm,两截面间长度 $l=$ _____ cm。

表 3-4-1　h_f 与 v 以及 Re 与 λ 的实验数据记录表

次数	盛水时间 T/s	水箱液面初始高度 h_0 /cm	水箱液面最终高度 h /cm	流体体积 $V_t=S(h-h_0)$ cm^3	流量 $Q=V_t/T$ cm^3/s	平均流速 $v=4Q/(\pi d^2)$ cm/s	$Re=vd/\nu$	测压管读数 h_1 /cm	测压管读数 h_2 /cm	沿程水头损失 $h_f=\Delta h$ cm	$\lambda=\dfrac{d}{l}\dfrac{2g}{v^2}h_f$
1											
2											
3											
4											
5											
6											
7											
8											
9											
10											

六、绘图分析

(1) h_f 与 v 的关系式可表达为 $h_f=kv^m$(其中:m 为幂指数),或 $\lg h_f=\lg k+m\lg v$ (其中:m 为直线的斜率)。可在双对数坐标纸上,以 v 为横坐标、h_f 为纵坐标,绘制其关系曲线,并确定 m 的大小。

(2) 绘制 λ-Re 曲线,与莫迪图进行对比并分析其合理性。

七、问题讨论

(1) 压差计中的读数是否与实验管道的倾斜放置有关? 为什么?

(2) 随着管道使用年限的增加,λ-Re 关系曲线会发生什么变化?

(3) 实验结果与莫迪图吻合与否? 试分析原因。

第五节　局部水头损失实验

一、实验目的

(1) 掌握测定局部阻力系数的技能。

(2) 通过对圆管突扩和突缩局部阻力系数的实验结果分析,以及对阀门处的水头损失的分析,加深对局部水头损失机理的理解。

二、实验设备

流体力学综合实验台中,局部水头损失实验部分涉及储水箱、局部水头损失实验管、进水阀门、出水阀门、水泵、测压管等。

三、实验原理

由于边界形状的急剧改变,水流就会与边界分离,出现旋涡以及水流流速分布的改组,从而消耗一部分机械能。单位重量流体的能量损失就是水头损失。

边界形状的改变包括过流断面的突然扩大或突然缩小、弯道及管路上安装阀门等。

局部水头损失常用流速水头与局部水头损失系数的乘积表示:

$$h_{\mathrm{m}}=\zeta\,\frac{v^2}{2g} \tag{3-5-1}$$

式中:ζ 为局部水头损失系数。ζ 是流动状态与边界形状的函数,即 $\zeta=f(Re,$边界形状)。一般水流的 Re 足够大时,可认为 ζ 不再随 Re 变化,而看作常数。

管道局部水头损失中目前仅有突然扩大可采用理论分析,并可得出足够精确的结果。其他情况则需要用实验方法测定 ζ 值。突然扩大的局部水头损失可应用动量方程、能量方程及连续方程联合求解,得到如下公式:

$$\begin{cases} h_{\mathrm{m}}=\zeta_1\,\dfrac{v_1^2}{2g},\zeta_1=\left(1-\dfrac{A_1}{A_2}\right)^2 \\[2mm] h_{\mathrm{m}}=\zeta_2\,\dfrac{v_2^2}{2g},\zeta_2=\left(\dfrac{A_2}{A_1}-1\right)^2 \end{cases} \tag{3-5-2}$$

式中:A_1 和 v_1 分别为突然扩大上游管段的截面面积和平均流速;A_2 和 v_2 分别为突然扩大下游管段的截面面积和平均流速。

1）阀门

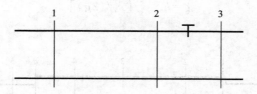

列 2—3 段截面伯努利方程:

$$z_2+\frac{p_2}{\gamma}+\frac{v_2^2}{2g}=z_3+\frac{p_3}{\gamma}+\frac{v_3^2}{2g}+h_{\mathrm{f}3-3}+h_{\mathrm{m}2-3}$$

$$h_{\mathrm{m}2-3}=\left[\left(z_2+\frac{p_2}{\gamma}\right)+\frac{v_2^2}{2g}\right]-\left[\left(z_3+\frac{p_3}{\gamma}\right)+\frac{v_3^2}{2g}\right]-h_{\mathrm{f}3-3}$$

采用三点法计算，h_{f2-3} 由 h_{f1-2} 按流长比例换算得出：

$$h_{f2-3} = \frac{l_{2-3}}{l_{1-2}} h_{f1-2} = \frac{l_{2-3}}{l_{1-2}} \Delta h_{1-2}$$

又因为

$$v_2 = v_3$$

所以

$$h_{m2-3} = \Delta h_{2-3} - h_{f2-3}$$

$$\zeta = h_{m2-3} / [v^2/(2g)]$$

2）突然扩大

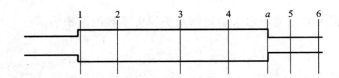

对于突扩管，局部损失全部发生在大管中，故列 1—2 段截面伯努利方程：

$$z_1 + \frac{p_1}{\gamma} + \frac{v_5^2}{2g} = z_2 + \frac{p_2}{\gamma} + \frac{v_2^2}{2g} + h_{f1-2} + h_{m1-2}$$

$$h_{m1-2} = \left[\left(z_1 + \frac{p_1}{\gamma}\right) + \frac{v_5^2}{2g}\right] - \left[\left(z_2 + \frac{p_2}{\gamma}\right) + \frac{v_2^2}{2g}\right] - h_{f1-2}$$

采用三点 (1、2、3) 法计算，h_{f1-2} 由 h_{f2-3} 按流长比例换算得出：

$$h_{f1-2} = \frac{l_{1-2}}{l_{2-3}} h_{f2-3} = \frac{l_{1-2}}{l_{2-3}} \Delta h_{2-3}$$

故

$$h_{m1-2} = \Delta h_{1-2} + \left(\frac{v_5^2}{2g} - \frac{v_2^2}{2g}\right) - h_{f1-2}$$

$$\zeta = h_{m1-2} / [v_5^2/(2g)]$$

3）突然缩小

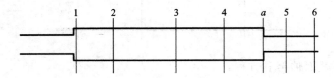

列 4—5 段截面伯努利方程：

$$z_4 + \frac{p_4}{\gamma} + \frac{v_4^2}{2g} = z_5 + \frac{p_5}{\gamma} + \frac{v_5^2}{2g} + h_{f4-5} + h_{m4-5}$$

$$h_{m4-5}=\left[\left(z_4+\frac{p_4}{\gamma}\right)+\frac{v_4^2}{2g}\right]-\left[\left(z_5+\frac{p_5}{\gamma}\right)+\frac{v_5^2}{2g}\right]-h_{f4-5}$$

采用四点（3、4、5、6）法计算，h_{f4-5} 由 h_{f3-4}、h_{f5-6} 换算得出：

$$h_{f4-5}=\frac{l_{4-a}}{l_{3-4}}h_{f3-4}+\frac{l_{a-5}}{l_{5-6}}h_{f5-6}=\frac{l_{4-a}}{l_{3-4}}\Delta h_{3-4}+\frac{l_{a-5}}{l_{5-6}}\Delta h_{5-6}$$

所以

$$h_{m4-5}=\Delta h_{4-5}+\left(\frac{v_4^2}{2g}-\frac{v_5^2}{2g}\right)-h_{f4-5}$$

$$\zeta=h_{m4-5}/\left[v_5^2/(2g)\right]$$

四、实验步骤

（1）实验前的准备工作。

首先，全开出水阀门（阀门局部水头损失实验中，全开待测试的阀门），关闭进水、上水阀门，使得水流完全由进水阀门调节。开启水泵后，配合调节进水、出水阀门，进行实验装置的通水排气工作。

（2）调节进水、出水阀门，使压差达到测压计可测量的最大高度（若有水从测压管中溢出，则适当减小进水阀门开度；若实验管中出现大气泡，则适当减小出水阀门开度）。通过进水、出水阀门的配合调节，达到改变流量的目的。每次调节流量时，均需稳定 2～3 min，流量越小，稳定时间越长；测流量的同时，需测量测压管液面高度。

（3）阀门局部水头损失实验中，改变阀门开度 5 次，分别记录测压管读数及流量数据，将数据填入表 3-5-1。计算阀门局部水头损失系数，将结果填入表 3-5-2。

（4）突扩、突缩管局部水头损失实验中，改变出水阀门开度 3 次，分别记录测压管读数及流量数据，将数据填入表 3-5-3。计算突扩、突缩管局部水头损失系数，将结果分别填入表 3-5-4、表 3-5-5。

（5）当测管内液面波动时，应取平均值。

五、实验结果

有关常数：计量水箱面积 $S=$＿＿＿＿＿＿＿ cm^2。

阀门局部水头损失实验管常数：圆管直径 $d=$＿＿＿＿＿＿＿ cm，管长 $l'_{1-2}=$＿＿＿＿＿＿＿ cm，管长 $l'_{2-3}=$＿＿＿＿＿＿＿ cm。

突扩、突缩管局部水头损失实验管常数：大圆管直径 $D=$＿＿＿＿＿＿＿ cm，小圆管直径 $d=$＿＿＿＿＿＿＿ cm，管长 $l_{1-2}=$＿＿＿＿＿＿＿ cm，管长 $l_{2-3}=$＿＿＿＿＿＿＿ cm，管长 $l_{3-4}=$＿＿＿＿＿＿＿ cm，管长 $l_{4-a}=$＿＿＿＿＿＿＿ cm，管长 $l_{a-5}=$＿＿＿＿＿＿＿ cm，管长 $l_{5-6}=$＿＿＿＿＿＿＿ cm。

表 3-5-1　阀门局部水头损失实验记录及计算表

次数	盛水时间 T/s	水箱液面初始高度 h_0/cm	水箱液面最终高度 h/cm	流体体积 $V_t = S(h - h_0)$ cm^3	流量 $Q = V_t/T$ cm^3/s	流速 $v = 4Q/(\pi d^2)$ cm/s	测压管读数/cm		
							1	2	3
1									
2									
3									
4									
5									

注意：阀门开度由全开依次减小。

表 3-5-2　阀门局部水头损失系数计算表

次数	测压管液面差 $\Delta h/cm$		阀门前后沿程损失 $h_{f2-3} = \dfrac{l'_{2-3}}{l'_{1-2}} \Delta h_{1-2}$ cm	阀门前后局部损失 $h_{m2-3} = \Delta h_{2-3} - h_{f2-3}$ cm	阀门局部水头损失系数 $\zeta = h_{m2-3}/[v^2/(2g)]$
	Δh_{1-2}	Δh_{2-3}			
1					
2					
3					
4					
5					

表 3-5-3　突扩、突缩管局部水头损失实验记录及计算表

次数	盛水时间 T/s	水箱液面初始高度 h_0 /cm	水箱液面最终高度 h /cm	流体体积 $V_t = S(h - h_0)$ cm^3	流量 $Q = V_t/T$ cm^3/s	小管流速 $v_5 = 4Q/(\pi d^2)$ cm/s	大管流速 $v_2 = v_4 = 4Q/(\pi D^2)$ cm/s	测压管读数 /cm					
								1	2	3	4	5	6
1													
2													
3													

表 3-5-4　突扩管局部水头损失系数计算表

次数	测压管液面差 $\Delta h/cm$		突扩管沿程损失 $h_{f1-2} = \dfrac{l_{1-2}}{l_{2-3}} \Delta h_{2-3}$ cm	小管流速水头 $v_5^2/(2g)$ cm	大管流速水头 $v_2^2/(2g)$ cm	突扩管局部损失 $h_{m1-2} = \Delta h_{1-2} + [v_5^2/(2g) - v_2^2/(2g)] - h_{f1-2}$ cm	突扩管局部水头损失系数 $\zeta = h_{m1-2}$ $/[v_5^2/(2g)]$
	Δh_{1-2}	Δh_{2-3}					
1							
2							
3							

表 3-5-5　突缩管局部水头损失系数计算表

次数	测压管液面差 $\Delta h/\mathrm{cm}$			突缩管沿程损失 $h_{f4-5}=\dfrac{\dfrac{l_4-a}{l_{3-4}}\Delta h_{3-4}+\dfrac{l_a-5}{l_{5-6}}\Delta h_{5-6}}{\mathrm{cm}}$	小管流速水头 $\dfrac{v_5^2/(2g)}{\mathrm{cm}}$	大管流速水头 $\dfrac{v_4^2/(2g)}{\mathrm{cm}}$	突缩管局部损失 $h_{m4-5}=\Delta h_{4-5}+[v_4^2/(2g)-v_5^2/(2g)]-h_{f4-5}$ cm	突缩管局部水头损失系数 $\zeta=h_{m4-5}/[v_5^2/(2g)]$
	Δh_{3-4}	Δh_{4-5}	Δh_{5-6}					
1								
2								
3								

六、问题讨论

（1）在相同管径变化条件下，对于同一流量，其突然扩大的 ζ 值是否一定大于突然缩小的 ζ 值？

（2）分析、比较突扩管与突缩管在相应条件下的局部水头损失的大小关系。

（3）突缩管的 ζ 值采用三点法测量是否可行？为什么？

（4）结合流动演示的水力现象，分析局部水头损失机理，产生突扩与突缩局部水头损失的主要部位在哪里？怎样减小局部水头损失。

第六节　静水压强特性实验

一、实验目的

（1）掌握使用测压管测量流体静水压强的方法。

（2）进一步理解位置水头、压强水头及测压管水头的基本概念，验证静水压强分布规律，加深对等压面的理解，加深对绝对压强、相对压强、真空压强的理解。

（3）掌握测量未知液体密度的方法。

二、实验设备

静水压强实验台如图 3-6-1 所示。

三、实验原理

重力作用下，不可压缩流体静水压强分布规律为

$$z+\frac{p}{\gamma}=C \quad \text{或} \quad p=p_0+\gamma h$$

式中：z 为被测点相对于选定基准面的高度，称为位置水头；p/γ 为被测点压强作用使流体沿测压管所能上升的高度，称为压强水头；p 为被测点的静水压强；p_0 为液面压强；h 为被测点的淹没深度。位置水头与压强水头之和称为测压管水头。

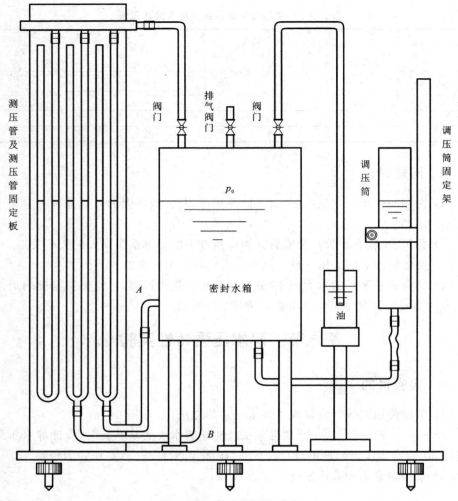

图 3-6-1　静水压强实验台

　　实验时,对密封容器的液体表面加压时,设其压强为 p_0,即 $p_0 > 0$(以相对压强计)。从 U 形管中可以看到有压差产生,在 U 形管与密封容器上部连通的一端,液面下降,而在与大气相通的另一端,液面上升。当密封容器内压力 p_0 下降时,U 形管内的液面升降呈现相反的现象。

四、实验步骤

　　(1) 打开排气阀门,使密封水箱与大气相通,则密封水箱中液面压强 p_0 等于大气压强,那么调压筒水面、密封水箱水面及测压管水面均应齐平。

　　(2) 关闭排气阀门,将调压筒向上缓慢提升到一定高度。水由调压筒流向密封水箱,并影响其他测压管,观察并记录液柱变化数据,填入表 3-6-1。密封水箱中空气的体积减小而压强增大,此时 p_0 大于大气压强。在 U 形管与密封容器上部连通的一端,液面下降,而在与大气相通的一端,液面上升。由此可知,密闭水箱内液面压强 $p_0=\gamma\Delta h$(以相对压强表示),Δh 是 U 形管两端液面的高度差。将调压筒上移数据计算结果填入表 3-6-2。

(3) 如果将调压筒向下缓慢降到一定高度,使其水面低于密封水箱中的水面,则密封水箱中的水流向开口筒,观察并记录液柱变化数据,填入表 3-6-3。此时,密封水箱中空气的体积增大而压强减小,压强 p_0 小于大气压强。

小量杯中的未知液体被吸入玻璃管,玻璃管与小量杯液面的高度差记为 $\Delta h'$,即真空高度,通过计算可得未知液体重度 γ' 及密度 ρ'。将调压筒下移数据计算结果填入表 3-6-4。

(4) 实验结束后,打开排气阀门,使水箱内气体压强与外部大气压强一致。

五、实验结果

记录有关常数:水温 = _____ ℃,水的密度 ρ = _____ kg/m^3, z_A = _____ cm, z_B = _____ cm。

表 3-6-1　调压筒上移($p_0>0$)数据记录表

实验次数	测压管读数/cm							
	h_1	h_2	h_3	h_4	h_5	h_6	h_A	h_B
1								
2								

说明:h_A、h_B分别为 A、B 点到密闭水箱液面的距离。

表 3-6-2　调压筒上移($p_0>0$)数据计算表

实验次数	$\Delta h_1=\dfrac{h_1-h_2}{m}$	$\Delta h_2=\dfrac{h_3-h_4}{m}$	$\Delta h_3=\dfrac{h_5-h_6}{m}$	平均值 $\Delta h/m$	$\dfrac{p_0=\gamma\Delta h}{Pa}$	p_A/Pa	p_B/Pa
1							
2							

表 3-6-3　调压筒下移($p_0<0$)数据记录表

实验次数	测压管读数/cm								
	h_1	h_2	h_3	h_4	h_5	h_6	h_A	h_B	$\Delta h'$
1									
2									
3									

表 3-6-4　调压筒下移($p_0 < 0$)数据计算表

实验次数	$\Delta h_1 = h_1 - h_2$ m	$\Delta h_2 = h_3 - h_4$ m	$\Delta h_3 = h_5 - h_6$ m	平均值 $\Delta h / \text{m}$	$p_0 = \gamma \Delta h$ Pa	p_A / Pa	p_B / Pa	γ /(N/m³)	ρ' /(kg/m³)	平均值 ρ' /(kg/m³)
1										
2										
3										

六、问题讨论

（1）简述测量未知液体密度的方法和步骤，并请给出计算表达式。

（2）如何根据实验测量数据，验证静压规律（即 A、B 点测压管水头相等）？

第七节　文丘里流量计实验

一、实验目的

（1）理解文丘里流量计测量流量的方法和原理。

（2）掌握文丘里流量计测定流量系数的方法，从而对文丘里流量计做出率定。

（3）通过分析文丘里管产生局部真空的条件，加深对伯努利方程的理解。

二、实验设备

流体力学综合实验台中，文丘里流量计实验部分涉及储水箱、文丘里流量计实验管、进水阀门、出水阀门、水泵、测压管等。

三、实验原理

文丘里流量计实验原理如图 3-7-1 所示。

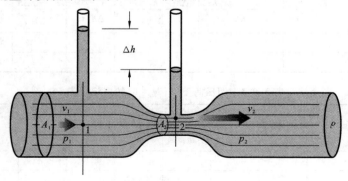

图 3-7-1　文丘里流量计实验原理

取 1—1、2—2 两渐变流截面,列伯努利方程(不计能量损失):

$$\frac{p_1}{\gamma}+\frac{v_1^2}{2g}=\frac{p_2}{\gamma}+\frac{v_2^2}{2g}$$

$$\frac{p_1-p_2}{\gamma}=\frac{v_2^2-v_1^2}{2g}=\Delta h \tag{3-7-1}$$

式中:Δh 为两截面测压管水头差。

列连续性方程:

$$v_1 \cdot \frac{\pi}{4}d_1^2=v_2 \cdot \frac{\pi}{4}d_2^2$$

$$\frac{v_2^2}{v_1^2}=\left(\frac{d_1}{d_2}\right)^4 \tag{3-7-2}$$

联立式(3-7-1)和式(3-7-2),解得

$$v_1=\sqrt{\frac{2g\Delta h}{\left(\dfrac{d_1}{d_2}\right)^4-1}}$$

流量为

$$Q'=v_1 \cdot \frac{\pi}{4}d_1^2=\frac{\pi}{4}d_1^2\sqrt{\frac{2g\Delta h}{\left(\dfrac{d_1}{d_2}\right)^4-1}}=K\sqrt{\Delta h}$$

式中:$K=\dfrac{\pi}{4}d_1^2\dfrac{\sqrt{2g}}{\sqrt{\left(\dfrac{d_1}{d_2}\right)^4-1}}$,称为文丘里流量计常数。

由于实际流体阻力及能量损失的存在,实际流量 Q 恒小于 Q'。引入无量纲系数 $\mu=\dfrac{Q}{Q'}$(μ 称为文丘里管流量修正系数),对理论流量 Q' 进行修正,即

$$Q=\mu Q'=\mu K\sqrt{\Delta h}$$

通过实验测得实际流量 Q 及水头差 Δh,便可测得文丘里管流量修正系数:

$$\mu=\frac{Q}{Q'}=\frac{Q}{K\sqrt{\Delta h}}$$

四、实验步骤

(1) 实验前的准备工作。

首先,全开出水阀门,关闭进水、上水阀门,使得水流完全由进水阀门调节。开启水泵后,配合调节进水、出水阀门,进行实验装置的通水排气工作。

其次,用温度计测量水温 t。

(2) 调节进水、出水阀门,使压差达到测压计可测量的最大高度(若有水从测压管中溢出,则适当减小进水阀门开度;若实验管中出现大气泡,则适当减小出水阀门

开度）。通过进水、出水阀门的配合调节,达到改变流量的目的。每次调节流量时,均需稳定 2～3 min,流量越小,稳定时间越长;用体积法测流量时,计量水箱高度差不小于 10 cm;测流量的同时,需测量测压管液面高度差。共测定 10 组数据,所测数据填入表 3-7-1。

（3）当测管内液面波动时,应取最低液面。

五、实验结果

记录有关常数:计量水箱面积 $S=$ _____ cm²,水温 $t=$ _____ ℃,水的运动黏度系数 $\nu=$ _____ cm²/s,主管直径 $d_1=$ _____ cm,喉管直径 $d_2=$ _____ cm,文丘里流量计常数 $K=\dfrac{\pi}{4}d_1^2\dfrac{\sqrt{2g}}{\sqrt{\left(\dfrac{d_1}{d_2}\right)^4-1}}=$ _____ cm²·⁵/s。

数据计算结果填入表 3-7-2。

表 3-7-1　体积法及测压管高度数据记录表

次数	盛水时间 T/s	水箱液面初始高度 h_0/cm	水箱液面最终高度 h/cm	测压管读数 h_1/cm	测压管读数 h_2/cm
1					
2					
3					
4					
5					
6					
7					
8					
9					
10					

表 3-7-2　Re、μ 数据计算表

次数	流体体积 $V_t=\dfrac{S(h-h_0)}{\text{cm}^3}$	流量 $Q=V_t/T$ cm³/s	平均流速 $v=4Q/(\pi d_1^2)$ cm/s	$Re=vd_1/\nu$	$\Delta h=h_1-h_2$ cm	$Q'=K\sqrt{\Delta h}$	$\mu=Q/Q'$
1							
2							

次数	流体体积 $V_t=S(h-h_0)$ cm^3	流量 $Q=V_t/T$ cm^3/s	平均流速 $v=4Q/(\pi d_1^2)$ cm/s	$Re=vd_1/\nu$	$\Delta h=h_1-h_2$ cm	$Q'=K\sqrt{\Delta h}$	$\mu=Q/Q'$
3							
4							
5							
6							
7							
8							
9							
10							

六、绘图分析

绘制 μ-Re 曲线,给出 μ 随 Re 的变化规律。

七、讨论

(1) 为什么 Q 与 Q' 不相等? 两者大小关系如何?

(2) 本实验的文丘里管哪个部位最易形成真空? 为什么? 有哪些措施可以避免真空的形成?

(3) 若以气-水多管压差计测量两截面测压管水头差 Δh,请推导并给出 Δh 的表达式。

第八节　毕托管测速实验

一、实验目的

(1) 通过对管嘴淹没出流点流速系数的测量,掌握用毕托管测量点流速的技能。

(2) 了解毕托管的构造和适用性,并检验其测量精度。

(3) 分析管嘴淹没射流的点流速分布及点流速因数的变化规律。

二、实验设备

毕托管实验装置图如图 3-8-1 所示,水流经淹没管嘴,将高、低位水箱水位差的位能转换成动能,并用毕托管测出其点流速值。测压计的测压管 1、2 用来测量低位水箱位置水头,测压管 3、4 用来测量毕托管的全压水头和静压水头,水位调节阀用来改变测点的流速大小。

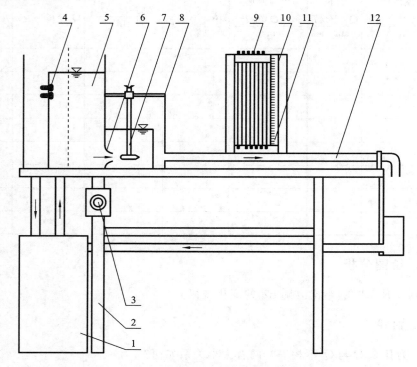

图 3-8-1　毕托管实验装置图

1—自循环供水箱;2—实验台;3—调节阀;4—水位调节阀;5—恒压水箱;6—管嘴;
7—毕托管;8—尾水箱与导轨;9—测压管;10—测压计;11—滑动测量尺(滑尺);12—上回水管

三、实验原理

测点的流速表达式为

$$\begin{cases} u = c\sqrt{2g\Delta h} = k\sqrt{\Delta h} \\ k = c\sqrt{2g} \end{cases} \tag{3-8-1}$$

式中:u 为毕托管测点处的点流速;c 为毕托管的校正系数;Δh 为毕托管全压水头与静压水头之差。

$$u = \varphi'\sqrt{2g\Delta H} \tag{3-8-2}$$

式中:u 为测点处流速,由毕托管测定;φ' 为测点流速系数;ΔH 为管嘴的作用水头。

联立式(3-8-1)和式(3-8-2)可得

$$\varphi' = c\sqrt{\Delta h / \Delta H} \tag{3-8-3}$$

四、实验步骤

（1）用硅胶管将上、下游水箱的测点分别与测压计中的测压管1、2相连通。将毕托管对准管嘴,距离管嘴出口处约2 cm,上紧固定螺钉。

（2）开启水泵,将流量调节到最大。

（3）待上、下游溢流后,用吸气球(如医用洗耳球)放在测压管口部抽吸,排除毕托管及各连通管中的气体;用静水匣罩住毕托管,可检查测压计液面是否齐平,液面不齐平可能是因为空气没有排尽,必须重新排气。

（4）测量并记录各有关常数和实验参数,填入表3-8-1。

（5）改变流速,使溢流量适中,共可获得三个不同恒定水位与对应的不同流速。改变流速后,按上述方法重复测量。

（6）实验结束时,按步骤(3)的方法检查毕托管测压计液面是否齐平。

五、实验结果

校正系数 $c=$ ＿＿＿＿＿, $k=$ ＿＿＿＿＿。

表 3-8-1　毕托管测速实验数据表

实验次序	上、下游水位差/cm			毕托管水头差/cm			测点处流速 u /(cm/s)	测点处流速系数 φ'
	H_1	H_2	ΔH	H_3	H_4	Δh		
1								
2								
3								
4								
5								
6								

六、问题讨论

（1）毕托管、测压计排气不净,为什么会影响测量精度?

（2）为什么必须将毕托管正对来流方向? 如何判断毕托管是否正对流向?

第九节　虹吸原理实验

一、实验目的

（1）观察虹吸过程,了解虹吸的成因和破坏,以及在管中的压强分布。

（2）测量虹吸管真空度，加深对真空度沿程变化规律的认识。

（3）定性分析虹吸管流动的能量转换特性。

二、实验设备

如图 3-9-1 所示，水流自低位水箱由水泵驱动后流至高位水箱，虹吸管的进出水口分别淹没在高、低位水箱的水体中。虹吸管在过流前充满空气，需先排气。本装置对虹吸管的排气是由水泵完成的。虹吸管上的抽气孔与水泵吸水管连通，虹吸管中气体在水泵抽吸作用下经吸水管自动排除。虹吸管中一旦水流连续，在高、低位水箱水位差作用下，虹吸管启动，形成过流。

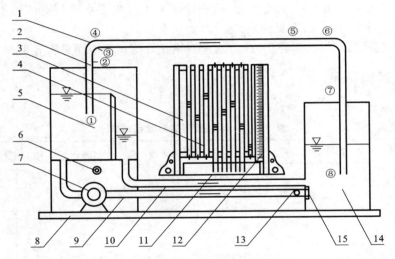

图 3-9-1　自循环虹吸原理实验装置

1—测点；2—虹吸管；3—测压计；4—测压管；5—高位水箱 6—调速器；7—水泵；8—底座；
9—吸水管；10—溢水管；11—测压计水箱；12—滑尺；13—抽气孔；14—流量调节阀；15—低位水箱

三、实验原理

由恒定总流的能量方程：

$$z_1 + p_1/\gamma + v_1^2/(2g) = z_2 + p_2/\gamma + v_2^2/(2g) + h_{L1-2} \qquad (3-9-1)$$

可知，水流在运动过程中其位能、压能、动能之间可相互转化，这种转化必须满足能量守恒定律。通过虹吸管中的水流运动，可以观察到各种能量之间的相互转换。在急变流过水断面上，由于惯性离心力的作用，不同的点上动水压强不符合静水压强分布规律，即测压管水头不相等，利用测压管水头差可以测出通过管道的流量，这就是弯管流量计工作原理。

四、实验步骤

（1）接通电源，打开开关，启动水泵，调大流量，虹吸管中的气体会自动被抽除，若排气不畅，只要开关水泵几次即可排净。

（2）排除测压点②～⑦与测压管的连通管中的气体，可用吸气球在测压管管口处，用挤压法或抽吸法排气。

（3）通过观测测压计上各测压管水位，可以知道测压管沿程变化、真空度沿程变化和各种能量相互转化的情况。

（4）虹吸管的启动：由于虹吸管在启动前有空气，水不连续，就不能工作，因此，启动时，必须把虹吸管中的空气抽除。虹吸原理实验仪通过抽气孔自动抽气。因为虹吸管透明，启动过程清晰可见。

（5）急变流过水断面上的测压管水头变化：均匀流过水断面上的动水压强符合静水压强的分布规律，在急变流过水断面上，质量力除重力外，还存在惯性离心力。弯管急变流过水断面上的测点③、④对应的测管上有明显高差，且流量越大，高差越大。

（6）弯管流量计工作原理：利用弯管急变流过水断面上内外侧压强差随流量变化极为敏感的特性。实验时测得弯管断面上内外侧测压管水头差 Δh 值，由率定过的 Q-Δh 曲线，可查得流量。

（7）实验完毕，关闭开关，切断电源。

五、问题讨论

（1）理论上虹吸管的最大真空度为多大？实际上虹吸管的最大安装高程不得超过多少？为什么？

（2）虹吸管的工作原理是否违背了能量守恒原理？为什么？

第十节 空化机理实验

一、实验目的

通过观察由空化机理实验仪所演示的空化发生和演变、流道体型对空化的影响及常温下水的沸腾现象，加深对空化和空蚀现象的认识。

二、实验设备

空化机理实验仪是一套小型台式、整体安装的自循环系统，可用来演示空化发生机理、典型工程空化现象、流道体型对空化的影响以及初生空穴数的定量量测等。

空化机理实验装置如图 3-10-1 所示。

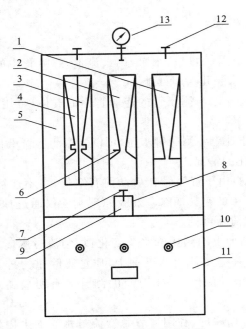

图 3-10-1　空化机理实验装置

1—流道 1,文氏型空化显示面;2—流道 2,渐缩空化显示面;3—流道 3,矩形闸门槽空化显示面;
4—流道 4,流线型闸门槽空化流动显示面;5—流道显示柜;6—测压点;7—连接短管;8—管嘴;
9—空化杯;10—阀门;11—自循环供水箱;12—气塞;13—真空表

三、实验原理

1. 空化现象的演示

在流道 1、2、3 三个阀门全开的条件下启动水泵,可看到在流道 1、2 的喉部和流道 3 的闸门槽处出现乳白色雾状空化云,这就是空化现象,同时还可听到由空化区发出的空化噪声。空化区的负压(或真空)相当大,其真空度可由真空表(与流道 2 的喉颈处测压点相连)读出。最大真空度可达 10 m 水柱以上。

根据空化机理实验仪显示的空化区域分析实验可知,容易发生空化的部位是:高速液流边界突变的流动分离处,如水利工程中的深孔进口、溢流坝面、闸门槽、分叉管、施工不平整处,及动力机械中的水轮机、涡轮机、水泵和螺旋桨叶片的背面以及鱼雷的尾部等。

2. 空化机理

流动液体以水为例,在标准大气压下,当温度升到 100 ℃时,沸腾水体内产生大小不一的气泡,就是空化。100 ℃下水的蒸气压(标准大气压下)被称为汽化压强,这种现象亦可在水温不高、压强较低时发生。空化机理实验仪可清晰演示此现象的发生过程。

3. 流道体型对空化的影响

流道体型对空化的影响可从流道 1 与流道 2 的空化对比中看出。在阀门开度相同的条件下,流道 1 的空化比流道 2 的严重,表明流道 1 的初生空化数大于流道 2 的。

这也可从两种体型闸槽的空化中看出,流道 3 左右分别设有矩形槽,流道 4 下游设有斜坡状的流线型槽。实验表明,在同等流量条件下,前者的空化程度远大于后者的空化程度。

由此可知,流道体型对空化的影响极大,其是引发空化的重要条件之一。在高速流条件下,有时溢流坝面残留的钢筋头就可造成坝面大面积的空蚀破坏。因此,为防止空化发生,应使坝面尽量光滑平整,流道尽量做成流线型。

四、实验步骤

(1)接通电源,打开阀门。

(2)空化现象的演示:在流道 1、2、3、4 内观察水流运动现象,可看到在流道 1、2 的喉部和流道 3 的闸门槽处出现乳白色雾状空化云,同时还可听到气泡溃灭的噪声。空化区的负压相当大,其真空度可由真空表(与流道 2 的喉颈处测压点相连)读出。在流道 1、2 喉颈中部所形成的带游移状空化云,为游移型空化;在喉道出口处两边形成的附着于转角两边较稳定的空化云,为附体空化;而发生于流道 3 中闸门槽(凹口内)旋涡区的空化云,则为旋涡型空化。

(3)空化机理:流动液体以水为例,在标准大气压下,当温度升高至 100 ℃ 时水沸腾,水体内产生大小不一的气泡。而当压强小于水在此温度下的汽化压强时,水就要产生空化。首先向空化杯中注入半杯温水,压紧橡皮塞盖,然后与管嘴(杯两侧各 1 只)接通。在喉管负压作用下,空化杯内的空气被吸出。真空表读数随之增大。当真空度接近 6 m 水柱时,杯中水就开始沸腾。这是常温水在低压下发生空化的现象。

(4)流道体型对空化的影响:从流道 1 与流道 2 的空化对比中看出,在阀门开度相同的条件下,流道 1 的空化比流道 2 的严重。流道 3 左右分别设有矩形槽,流道 4 下游设有斜坡状的流线型槽。从流道 3 与流道 4 的空化对比中看出,在同等流量下,前者空化程度大于后者空化程度。

(5)实验结束后,打开气塞,将流道内水放空,防止流道内结垢。将水箱放空,并清洗水箱。

五、注意事项

(1)严格按照操作步骤进行实验。

（2）空化杯中的温水不能用冷开水或蒸馏水等，而只能用新鲜自来水，并在每次实验前更换新鲜自来水，以保证空化沸腾时的显示效果。

六、问题讨论

（1）试述实际工程中所产生的空化和空蚀现象。

（2）为什么在每次实验时空化杯中要注入新鲜自来水？用冷开水或蒸馏水能否观察到空化沸腾现象？为什么？

第四章 理论力学仿真分析实验

第一节 ADAMS 软件介绍

1. 概述

ADAMS 软件,即机械系统动力学自动分析软件,是美国 MDI 公司开发的虚拟样机分析软件。目前,ADAMS 软件已经被全世界各行各业的数百家主要制造商使用。

ADAMS 软件使用交互式图形环境和零件库、约束库、力库,创建完全参数化的机械系统几何模型,其求解器采用多刚体系统动力学理论中的拉格朗日方程方法,建立系统动力学方程,对虚拟机械系统进行静力学、运动学和动力学分析,输出位移、速度、加速度和反作用力曲线。ADAMS 软件的仿真可用于预测机械系统的性能、运动范围、峰值载荷以及计算有限元的输入载荷等。

ADAMS 软件一方面是虚拟样机分析的应用软件,用户可以利用该软件非常方便地对虚拟机械系统进行静力学、运动学和动力学分析;另一方面是虚拟样机分析开发工具,其开放性的程序结构和多种接口,可以成为特殊行业用户进行特殊类型虚拟样机分析的二次开发工具平台。ADAMS 软件有两种操作系统的版本:Unix 版和 Windows NT/2000 版。

2. 基本模块

ADAMS 软件由基本模块、扩展模块、接口模块、专业领域模块及工具箱 5 类模块组成,如表 4-1-1 所示。用户不仅可以利用通用模块对一般的机械系统进行仿真,还可以利用专用模块针对特定工业应用领域的问题进行快速有效的建模与仿真分析。

1) 用户界面模块(ADAMS/View)

ADAMS/View 是 ADAMS 系列产品的核心模块之一,采用以用户为中心的交互式图形环境,将图标操作、菜单操作、鼠标点取操作与交互式图形建模、仿真计算、动画显示、优化设计、X-Y 曲线图处理、结果分析和数据打印等功能集成在一起。

ADAMS/View 采用用户熟悉的 Motif 界面(Unix 系统)和 Windows 界面(Windows NT 系统),从而大大提高了快速建模能力。在 ADAMS/View 中,用户利用 TABLE EDITOR,和 EXCEL 一样可方便地编辑模型数据,同时还提供了 PLOT BROWSER 和 FUNCTION BUILDER 工具包。DS(设计研究)、DOE(实验设计)及

表 4-1-1　ADAMS 软件模块

基本模块	用户界面模块	ADAMS/View
	求解器模块	ADAMS/Solver
	后处理模块	ADAMS/PostProcessor
扩展模块	液压系统模块	ADAMS/Hydraulics
	振动分析模块	ADAMS/Vibration
	线性化分析模块	ADAMS/Linear
	高速动画模块	ADAMS/Animation
	试验设计与分析模块	ADAMS/Insight
	耐久性分析模块	ADAMS/Durability
	数字化装配回放模块	ADAMS/DMU Replay
接口模块	柔性分析模块	ADAMS/Flex
	控制模块	ADAMS/Controls
	图形接口模块	ADAMS/Exchange
	CATIA 专业接口模块	CAT/ADAMS
	Pro/E 接口模块	Mechanical/Pro
专业领域模块	轿车模块	ADAMS/Car
	悬架设计软件包	Suspension Design
	概念化悬架模块	CSM
	驾驶员模块	ADAMS/Driver
	动力传动系统模块	ADAMS/Driveline
	轮胎模块	ADAMS/Tire
	柔性环轮胎模块	FTire Module
	柔性体生成器模块	ADAMS/FBG
	经验动力学模型	EDM
	发动机设计模块	ADAMS/Engine
	配气机构模块	ADAMS/Engine Valvetrain
	正时链模块	ADAMS/Engine Chain
	附件驱动模块	Accessory Drive Module
	铁路车辆模块	ADAMS/Rail
	FORD 汽车公司专用汽车模块	ADAMS/Pre(现改名为 Chassis)

续表

工具箱	软件开发工具包	ADAMS/SDK
	虚拟试验工具箱	Virtual Test Lab
	虚拟试验模态分析工具箱	Virtual Experiment Modal Analysis
	钢板弹簧工具箱	Leafspring Toolkit
	飞机起落架工具箱	ADAMS/Landing Gear
	履带/轮胎式车辆工具箱	Tracked/Wheeled Vehicle
	齿轮传动工具箱	ADAMS/Gear Tool

OPTIMIZE(优化)功能可使用户方便地进行优化工作。ADAMS/View 有自己的高级编程语言,支持命令行输入命令和 C++语言,有丰富的宏命令以及快捷方便的图标、菜单和对话框创建和修改工具包,而且具有在线帮助功能。ADAMS/View 如图4-1-1 所示。ADAMS/View 新版采用了改进的动画/曲线图窗口,在同一窗口内可以同步显示模型的动画和曲线图;具有丰富的二维碰撞副,用户可以对具有摩擦的二维点－曲线、圆－曲线、平面－曲线、曲线－曲线、实体－实体等碰撞副自动定义接触

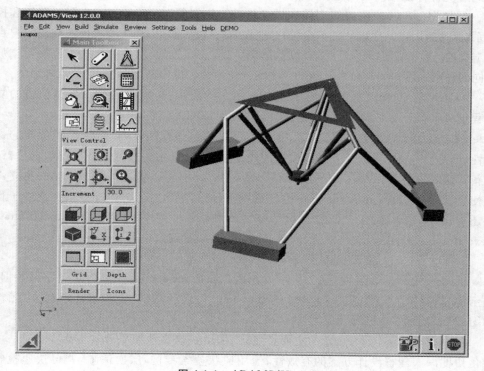

图 4-1-1 ADAMS/View

力；具有实用的 Parasolid 输入/输出功能，可以输入计算机辅助设计（CAD）中生成的 Parasolid 文件，也可以把单个构件或整个模型或在某一指定的仿真时刻的模型输出到一个 Parasolid 文件中；具有新型数据库图形显示功能，能够在同一图形窗口内显示模型的拓扑结构，选择某一构件或约束（运动副或力）后显示与此项相关的全部数据；具有快速绘图功能，绘图速度是原版本的 20 倍以上；采用合理的数据库导向器，可以在一次作业中利用一个名称过滤器修改同一名称中多个对象的属性，便于修改某一个数据库对象的名称及其说明内容；具有精确的几何定位功能，可以在创建模型的过程中输入对象的坐标、精确地控制对象的位置；多种平台上采用统一的用户界面、提供合理的软件文档；支持 Intel Windows NT 平台的快速图形加速卡，确保 ADAMS/View 的用户可以利用高性能 OpenGL 图形卡提高软件的性能；命令行可以自动记录各种操作命令，进行自动检查。

2）求解器模块（ADAMS/Solver）

ADAMS/Solver 是 ADAMS 系列产品的核心模块之一，是在 ADAMS 产品系列中处于核心地位的仿真器。其自动形成机械系统模型的动力学方程，提供静力学、运动学和动力学的解算结果。ADAMS/Solver 有各种建模和求解选项，以便精确、有效地解决各种工程应用问题。

ADAMS/Solver 可以对刚体和弹性体进行仿真研究。为了进行有限元分析和控制系统研究，用户除要求软件输出位移、速度、加速度和力外，还可要求模块输出用户自己定义的数据。用户可以通过运动副、运动激励、高副接触、用户定义的子程序等添加不同的约束。用户同时可求解运动副之间的作用力和反作用力，或施加单点外力。

ADAMS/Solver 新版中对校正功能进行了改进，使得积分器能够根据模型的复杂程度自动调整参数，仿真计算速度提高了 30%；采用新的 SI2 型积分器（stabilized index 2 intergrator），能够同时求解运动方程组的位移和速度，显著提高积分器的鲁棒性，提高复杂系统的解算速度；采用适用于柔性单元（梁、衬套、力场、弹簧-阻尼器）的新算法，可提高 SI2 型积分器的求解精度和鲁棒性；可以将样条数据存储成独立文件使之管理更加方便，并且 spline 语句适用于各种样条数据文件，样条数据文件子程序还支持用户定义的数据格式；具有丰富的约束摩擦特性功能，在 Translational、Revolute、Hooks、Cylindrical、Spherical、Universal 等约束中可定义各种摩擦特性。

3）后处理模块（ADAMS/PostProcessor）

MDI 公司开发的后处理模块（ADAMS/PostProcessor）用来处理仿真结果数据、显示仿真动画等，既可以在 ADAMS/View 环境中运行，又可脱离该环境独立运行，如图 4-1-2 所示。

ADAMS/PostProcessor 的主要特点是：采用快速高质量的动画显示，便于从可视化角度深入理解设计方案的有效性；使用树状搜索结构，层次清晰，并可快速检索对象；具有丰富的数据作图、数据处理及文件输出功能；具有灵活多变的窗口风格，支

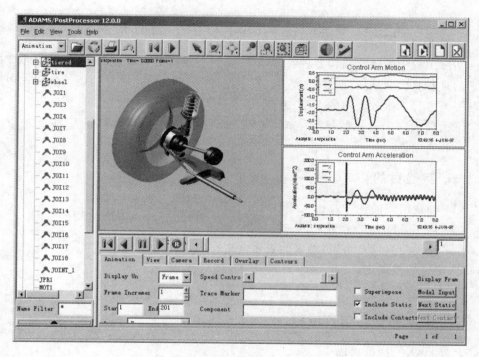

图 4-1-2　ADAMS/PostProcessor

持多窗口画面分割显示及多页面存储；多视窗动画与曲线结果同步显示，并可录制成电影文件；具有完备的曲线数据统计功能，如均值、均方根、极值、斜率等；具有丰富的数据处理功能，能够进行曲线的代数运算、反向、偏置、缩放、编辑和生成波特图等；为光滑消隐的柔体动画提供了更优的内存管理模式；强化了曲线编辑工具栏功能；能支持模态形状动画，模态形状动画可记录的标准图形文件格式有 *.gif、*.jpg、*.bmp、*.xpm、*.avi 等；在日期、分析名称、页数等方面增加了图表动画功能；可进行几何属性的细节的动态演示。

　　ADAMS/PostProcessor 的主要功能包括：ADAMS/PostProcessor 为用户观察模型的运动提供了所需的环境，用户可以向前、向后播放动画，随时中断动画播放，而且可以选择观察视角，从而使用户更容易地完成模型排错任务；为了验证 ADAMS 仿真分析结果数据的有效性，可以输入测试数据，并对测试数据与仿真结果数据进行绘图比较，还可对数据结果进行数学运算，对输出进行统计分析；用户可以对多个模拟结果进行图解比较，选择合理的设计方案；可以帮助用户再现 ADAMS 中的仿真分析结果数据，以提高设计报告的质量；可以改变图表的形式，也可以添加标题和注释；可以载入实体动画，从而加强仿真分析结果数据的表达效果；还可以实现在播放三维动画的同时，显示曲线的数据位置，从而可以观察运动与参数变化的对应关系。

第二节　承载结构的静力学平衡分析实验

实际工程中的承载结构各种各样,对平衡结构进行静力学受力分析,是学习理论力学的重要基础。从研究对象的选取、每个构件的受力分析、各种约束力的特点应用到列平衡方程求解各个力的大小、方向,逐步进入力学的神圣殿堂。

下面借助一个常见的承载结构,利用 ADAMS 软件进行受力分析,得到约束力的大小和方向。

一、实验目的

(1) 确定组成的构件及相关外形尺寸参数,建立承载结构模型。

(2) 运用 ADAMS 软件进行三维造型。

(3) 输出仿真计算结果,结果的表达方式有两种:

① 受力曲线输出;

② 数据表格输出。

二、基本操作与仿真流程

1. ADAMS 软件界面

ADAMS 软件成功安装后,双击 ADAMS/View 在屏幕上的图标,即可启动 AD-AMS/View,启动系统界面如图 4-2-1 所示。

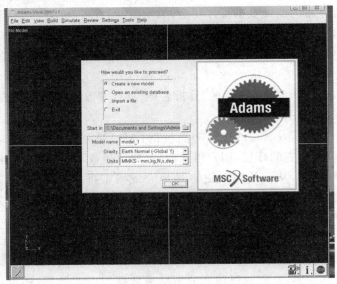

图 4-2-1　启动系统界面

在菜单对话框中,选择"Create a new model",表明我们将要创建一个新的机构模型;如果机构模型已经建好,则可选择"Open an existing database",打开一个已存在的模型,还可通过第三方模块实现模型的创建(比如,用 UG、Pro/E、SolidWorks等三维软件绘制完毕,可通过图形接口模块(ADAMS/Exchange)进行无缝连接,实现仿真)。选择完毕后,ADAMS/View 工作界面就呈现在眼前。

2. 三维建模

对于复杂机构,建议先用专业的三维软件(如 Pro/E、UG、Catia、SolidWorks 等)进行造型,然后导入三维模拟软件中,通过 ADAMS/Exchange 进行无缝连接。在不同实验中,对于不同的结构或机构,由于它们的内部结构简单,零件种类单一,使用 ADAMS/View 自带的零件库完全可以实现三维造型。

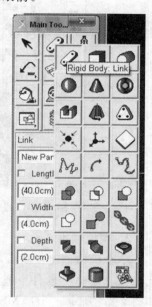

图 4-2-2　零件库

进入 ADAMS/View 应用界面后,在绘图窗口的左侧出现主工具箱(Main Toolbox),选择图标🗗,单击鼠标右键,系统则会自动弹出 ADAMS/View 自带的零件库,如图 4-2-2 所示。其中包含杆件(Link)、长方体(Box)、球体(Sphere)、圆柱体(Cylinder)、截锥体(Frustum)、圆环(Torus)、拉伸件(Extrusion)、旋转体(Revolution)、平板(Plate)等,选中建模所需的零件,单击鼠标左键,会出现所画零件的尺寸标注的对话框,定义好尺寸之后,将鼠标移至绘图窗口,创建零件。

将机构的各个零件绘制完毕,并校核配合是否正确之后,回到左侧的主工具箱(Main Toolbox),选择图标,单击右键,系统会自动弹出 ADAMS/View 中的约束库,如图 4-2-3 所示。其中包括旋转副(Revolute Joint)、移动副(Translational Joint)、圆柱副(Cylindrical Joint)、球副(Spherical Joint)、固定副(Fixed Joint)、万向节副(Hooke Joint)、恒速度副(Constant-Velocity Joint)、平面副(Planar Joint)、螺纹副(Screw Joint)、齿轮副(Gear Joint)、耦合副(Coupler Joint)、销-槽凸轮副(Pin-in-Slot Cam)、曲线-曲线凸轮副(Curve-on-Curve Cam)等。最常用到的有旋转副、移动副、固定副。

若要建立约束副,则单击鼠标左键,选中相应的约束类型,系统会自动弹出创建对话框,其中包含创建所需的各种参数,如单点定义、多点定义等,定义完各种约束所需的参数后,将鼠标移至创建位置,就可实现零件间的约束。

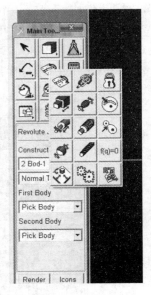

图 4-2-3　约束库

图 4-2-4　外载荷库

3. 模拟输出

整个机构创建成功后,需要对整个机构施加外载荷,然后模拟仿真实际工作情况。在 ADAMS 软件中施加外载荷主要是通过 ADAMS 软件中的外载荷库实现的,如图 4-2-4 所示。ADAMS 软件提供的外载荷主要有三种类型:第一种是应用力,如常用的力(Force) ↗ 和力矩(Torque) ↺ 等;第二种是弹性连接器,如弹簧(Spring) ⧂、橡胶衬套(Bushing) ◀ 等;第三种是特殊力,如轮胎(Tire) ◉ 等。其中较常用到的是力(Force)、力矩(Torque)以及弹簧(Spring)。下面简要介绍力(Force)、力矩(Torque)以及弹簧(Spring)的创建过程。

1) 创建力

单击鼠标左键,选择主工具箱力库中的力(Force)图标 ↗,创建力的参数对话框,如图 4-2-5 所示。

在参数"Run-time Direction"栏中有三个选项:"Space Fixed"选项表示力的方向在空间上是固定的,它不随物体的运动而改变;"Body Fixed"选项表示力的方向与物体的运动方向相关,且随物体的运动而改变,它相对于运动物体的方向是不变的;"Two Bodies"选项表示在两个物体之间创建力,力的方向永远在两个作用点的连线上。在参数"Construction"栏中有两个选项:"Normal to Grid"选项表示力的方向垂直于工作网格所在的平面;"Pick Feature"选项表示需要自己指定力的方向。在参数"Characteristic"栏中有三个选项:"Constant"选项需要输入一个常数作为力的值,

ADAMS/View 的 default 默认为 1.2 N；"K and C"选项需要输入刚度值和阻尼值，ADAMS/View 自带一个函数求解器，根据这两个值代入函数方程，最终确定力的大小；"Custom"选项表示 ADAMS/View 不给力赋值，需要在力对话框中修改输入的力值或力的函数表达式，再确定力的参数，一般应用于外界条件相对特殊的情况。所有参数设置完成后，将鼠标移至力的作用点，便可成功地施加作用力。

2）创建力矩

单击鼠标左键选择主工具箱力库中的力矩（Torque）图标 🗘，显示出创建力矩所需的各种参数，其主要参数与力的创建参数基本一致。在参数"Run-time Direction"栏中有三个选项："Space Fixed"选项表示力矩的方向在空间上是绝对固定的，它不会随物体的运动而改变；"Body Fixed"选项表示力矩的方向与其作用的物体是相对固定的，随着物体的运动方向的改变而改变，它相对于物体的方向是不变的；"Two Bodies"选项表示力矩的方向在两个物体作用点的连线上。在参数"Construction"栏中有两个选项："Normal to Grid"选项表示力矩的方向垂直于工作网格所在的平面，"Pick Feature"选项表示需要指定力矩的方向。在"Characteristic"栏中有三个选项："Constant"选项需要输入一个常数作为力矩的值；"K and C"选项需要输入

图 4-2-5　创建力的参数对话框

图 4-2-6　创建弹簧的参数对话框

刚度值和阻尼值,ADAMS/View 自带一个函数求解器,根据这两个值代入函数方程,最终确定力矩的大小;"Custom"选项表示 ADAMS/View 不直接给力矩赋值,需要在修改力矩的对话框中输入力矩的函数表达式及相关参数的数值。确定力矩的参数后,将鼠标移至力矩的作用点,就可以成功施加作用力矩。

3)创建弹簧

ADAMS/View 中的弹簧(Spring)表示作用在两个物体之间的作用力,它包括弹性力和阻尼力两部分,分别由弹簧的刚度和阻尼系数以及两个作用点之间的距离计算。如果将阻尼系数设置为零,它是一个纯粹的弹簧;如果将刚度设置为零,它是一个纯粹的阻尼器。用鼠标左键选择弹簧图标 🦌 ,创建弹簧的参数对话框,如图 4-2-6 所示 ,在"Properties"栏中可以输入弹簧的刚度 K 和阻尼系数 C。

机构和外载荷创建成功之后,就到了"万事俱备,只欠东风"的阶段——模拟输出。在 ADAMS 软件中 ADAMS/View 只有建模的功能,本身并不具备计算功能,实际上,ADAMS 软件的计算功能是通过 ADAMS/Solver 实现的。实际操作中,并不需要退出 ADAMS/View,重新进入 ADAMS/Solver 进行模拟。建模结束后,ADAMS/View 中的仿真(Simulation) 🔲 命令,可以自动调用 ADAMS/Solver 对模型进行仿真求解。

在进行仿真之前,ADAMS/Solver 通过计算模型的自由度判断是进行运动学仿真还是进行动力学仿真。

在主工具箱中选择仿真(Simulation)图标 🔲 ,主工具箱中显示出与仿真有关的按钮和选项。单击开始按钮 ▶ ,系统开始模拟仿真,结束后,可再次单击此按钮,重复进行仿真输出。单击停止按钮 ■ ,可在模拟过程中的任意时刻停止模拟;复位按钮 ⏮ 用于模拟停止后,将整个系统归位,使其回到初始状态。

模拟结束后,ADAMS 软件提供了几种结果查询方式,有动画输出、运动曲线输出和数据表格输出等方式。

动画输出直观简单,可以通过单击动画(Animation)图标 ▤ 播放仿真过程。其中主要的功能按钮有:向前播放按钮 ◀ ;向后播放按钮 ▶ ;停止按钮 ■ ;复位按钮 ⏮ ;加一按钮 +1 ,用于使仿真动画前进一个输出步;减一按钮 -1 ,用于使仿真动画后退一个输出步(步是仿真模拟的基本单位)。

对模型进行仿真之后,也可通过运动曲线输出方式输出仿真结果,其相比动画输出方式完整具体,可通过单击按钮 📈 查看各个参数的相关曲线。在 ADAMS/View 中可以测量模型中几乎所有的参数,例如,物体任意点的位移、速度、加速度等,约束副的相对位移、相对速度、相对加速度以及所受的力和力矩等,弹簧的变形量、变形速度、作用力等。在测量仿真结果时,将光标放置在需要测量的对象上,如物体、约束副、弹簧等,单击鼠标右键,在弹出的菜单中选择"Measure"命令,则 ADAMS/View 会弹出测量对话框,选择需要测量的目标特性(Characteristic),单击"OK",AD-AMS/View 即可生成仿真结果的测量曲线。之后,还可以在文件的输出方式中选择数据表格输出方式。

三、操作步骤

1. 创建文件

单击图标![img],进入 ADAMS 系统,在创建文件对话框中选中"Create a new model",在这个实验中,需要注意,在"Gravity"栏中选中"No Gravity",即不计杆件自重影响。在"Units"栏中,选择"MKS"。系统进入三维建模对话框,如图 4-2-7 所示,也可以单击菜单条中的"Settings",选中卷帘菜单中的"View Background Color"使界面背景改变颜色。

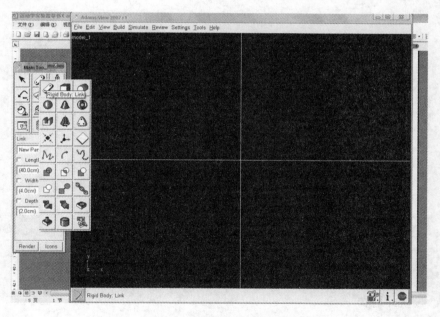

图 4-2-7 三维建模对话框 1

2. 创建模型

打开零件库,单击图标![img],设置曲柄参数,在 Link 对话框中将"Length"设成 40 cm,"Width"设成 4 cm,"Depth"设成 2 cm,便可在右侧的绘图窗口中水平绘制出第一个杆件,然后修改尺寸参数,将"Length"设成 80 cm 之后,再创建第二个杆件,先铅垂建,再应用平移旋转使第二个杆件与第一个杆件成 30°角。需要注意的是,两杆的铰接点要重合。须选中预移动零件,然后单击平移按钮📧,移动零件,保证配合无误,其中平移步长可在"Distance"中定义,再选中第二个杆件顺时针旋转 60°,绘制配合之后整个机架就设计完毕,如图 4-2-8 所示。

3. 创建约束

绘制完所有零件之后,还需要设置零件之间的约束关系,对于这个实验来说,应该在第一个杆件与机架(大地)、第二个杆件与机架、第一个杆件和第二个杆件之间创建旋转副。单击相应的约束副,然后用鼠标单击创建位置,这样就在指定位置创建完约束副。值得注意的是,在创建杆件与机架相应约束副的对话框中,在参数"Construction"中,选择"1 Location",代表单点定位,这样可以指定旋转副的中心来创建旋转副;在创建杆与杆间旋转副的时候,需选择"2 Bod-1-Loc",用鼠标单击第一个杆件和第二个杆件,再单击结合处创建两杆之间的旋转副。成功创建约束副之后,整个机构便创建完成,如图 4-2-9 所示。

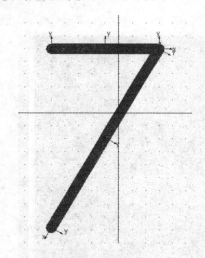

图 4-2-8　零件创建完成界面 1

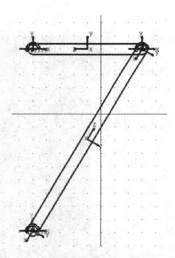

图 4-2-9　约束创建完成界面 1

4. 设置外载荷

在这个实验中,用力定义外载荷,其方向铅垂,数值采用定值 9.8 N,在参数对话框中,相应地将"Direction"定义成"Two Bodies","Construction"定义成"Pick Feature","Characteristic"定义成"Constant",并选中"Force",输入 9.8,参数便定义完毕,用鼠标单击力作用点——两杆铰链处,铅垂向下拉,则力施加成功,如图 4-2-10所示。

5. 仿真输出

在主工具箱中选择仿真(Simulation)图标📧,弹出模拟仿真对话框,在"Simulation"栏中,选择"Static",系统将通过计算自由度判断是进行静力学模拟、运动学模拟还是动力学模拟,模拟时间选择 0 s,相应地修改"End Time"为 0,时间步长设成 0 步,相应地修改"Steps"为 0。仿真模拟参数定义界面如图 4-2-11 所示。

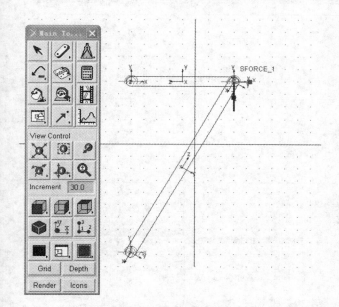

图 4-2-10　力施加完成界面　　　　　　图 4-2-11　仿真模拟参数定义界面 1

6. 结果输出

ADAMS 软件的静力学平衡结果输出可以有三种方式:曲线、运动仿真和表格。若要输出曲线,可将鼠标放在绘制曲线图标 📈 上,单击鼠标左键,出现图 4-2-12 所示的界面。在这个实验中,常见求解两个与机架相铰接的铰接点 2、3 的约束力大小。单击"Result Set"中的"JOINT_2",再单击"Component"中的"FX",则显示铰接点 2 的水平受力大小,通过单击"Add Curves"即可输出 FX 数据曲线。同理,FY 数据曲线以及铰接点 3 的水平、铅垂受力都能绘制在一张图上,如图 4-2-13 所示。还可以表格的形式输出计算结果,则在调出所有曲线的前提下可以选择菜单上"文件"中的"Export"中的"Table",命名后以表格的形式存储,如图 4-2-14 所示。经过整理后,铰接点 2、3 的 F_x、F_y 方向的约束力大小如图 4-2-15 所示。

四、实验总结

本实验的主要目的是通过自己动手设计、制作一个常用的承载结构的过程,了解结构组成和受力特点,直接应用软件计算得到 3 个约束力,进而研究各构件的受力特点等,加深对静力学平衡规律的理解,从而为以后进一步研究受力与运动变化之间的

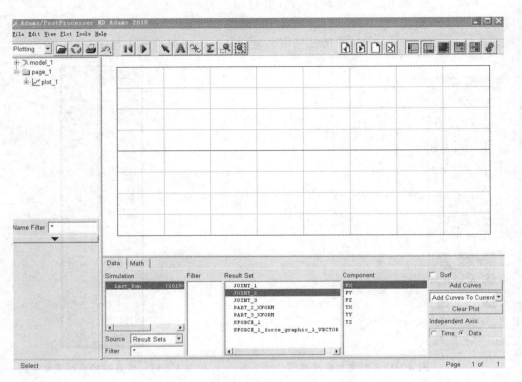

图 4-2-12　铰接点 2、3 两个方向的约束力

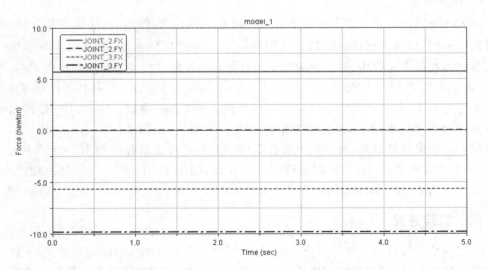

图 4-2-13　铰接点 2、3 的水平、铅垂受力大小曲线

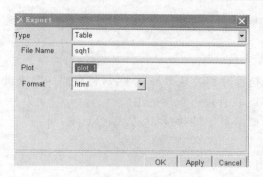

图 4-2-14　表格输出定义

	A	B	C	D	E
1		model_1			
2	Time	JOINT_2 .FX	JOINT_2 .FY	JOINT_3 .FX	JOINT_3 .FY
3	0	5.6581	2.30E-15	-5.6581	-9.8
4	0.2	5.6581	2.76E-15	-5.6581	-9.8
5	0.4	5.6581	2.33E-15	-5.6581	-9.8
6	0.6	5.6581	2.54E-15	-5.6581	-9.8
7	0.8	5.6581	3.00E-15	-5.6581	-9.8
8	1	5.6581	2.00E-15	-5.6581	-9.8
9	1.2	5.6581	2.45E-15	-5.6581	-9.8
10	1.4	5.6581	2.91E-15	-5.6581	-9.8
11	1.6	5.6581	1.91E-15	-5.6581	-9.8
12	1.8	5.6581	2.37E-15	-5.6581	-9.8
13	2	5.6581	2.83E-15	-5.6581	-9

图 4-2-15　铰接点 2、3 的 F_x、F_y 方向的约束力大小

关系奠定基础。

五、问题讨论

（1）如何确定铰接点 2、3 的约束力的方向？

（2）用静力学平衡方程求解约束力，对理论计算结果与实验结果进行比较分析。

第三节　曲柄滑块机构的运动学分析实验

　　曲柄滑块机构是一种典型的机械机构，它可将平动和转动两种运动形式相互转换，是诸多机械的主要机构装置。它由一个可做 360°转动的曲柄、一个做直线平动的滑块、把二者连接起来的做平面运动的连杆及固定机架组成。该机构在实际生活中应用广泛，例如，汽车的发动机，就是由曲柄、活塞、连杆组成的机构，它是以平动活塞为主动件，经过转动的曲柄，向外输出转动扭矩。在理论力学中，该机构的运动学分析也具有相当重要的意义，从运动机构的组成，各构件的外形尺寸参数、运动参数，到机构运动的可行性、有效性等诸多因素都得全面考虑。对该机构进行深入研究，对今后工程实际问题的解决大有帮助。

一、实验目的

（1）确定组成的构件及相关外形尺寸参数，建立曲柄滑块机构模型。

（2）运用 ADAMS 软件进行三维造型。

（3）输出仿真模拟结果，结果的表达方式有以下三种：

① 运动仿真输出；

② 运动曲线输出；

③ 数据表格输出。

二、操作步骤

1. 创建文件

单击图标 ，进入 ADAMS 系统，在创建文件对话框中选中"Create a new mod-el"，在这个实验中，需要注意，在"Gravity"栏中选中"No Gravity"，表示不计重力影响。系统进入三维建模对话框，如图 4-3-1 所示。

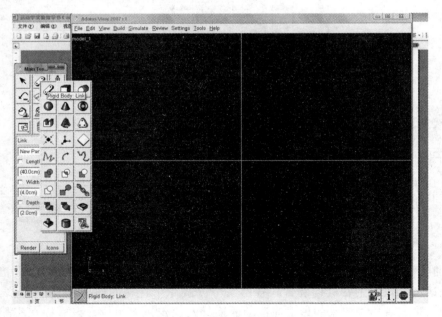

图 4-3-1　三维建模对话框 2

2. 创建模型

打开零件库，单击图标 ，设置曲柄参数，在"Link"对话框中将"Length"设成

40 cm，"Width"设成 4 cm，"Depth"设成 2 cm，便可在右侧的绘图窗口中绘制出第一个杆件——曲柄，然后修改尺寸参数，将"Length"设成 80 cm 之后，再创建第二个杆件——连杆，需要注意的是，曲柄和连杆的铰接点要重合。

单击图标 ▢，绘制滑块和机架，在这个实验中，机架用长方体上施加的一个径向约束来代替，这样将大大减少三维造型时间，且不会影响模拟结果。在滑块参数"Box"对话框中，将"Length"设成 8 cm，"Height"设成 6 cm，"Depth"设成 2 cm，在连杆另一端铰接处，创建滑块。然后在机架参数"Box"对话框中，将"Length"设成 60 cm，"Height"设成 2 cm，"Depth"设成 2 cm，在滑块下方绘制机架。绘制完滑块和机架之后，观察滑块与连杆的铰接点以及滑块和机架间的接触面是否重合，如果不重合，则单击主工具箱中的 ▣，最好选择 ➤ 中的放大按钮 🔍，选中预移动零件，接着单击 ▣ 对话框中的"Translate"栏的平移按钮，让两杆的连接处重合，平移步长可在"Distance"中定义。绘制配合之后整个机架就设计完毕，如图 4-3-2 所示。

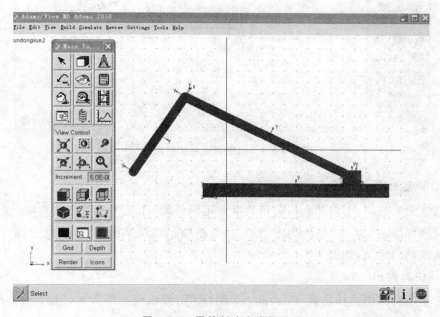

图 4-3-2　零件创建完成界面 2

3. 创建约束

绘制完毕所有零件之后，还需要设置零件之间的约束关系，对于这个实验来说，应该在曲柄与连杆、曲柄与机架（大地）、连杆和滑块之间创建旋转副，滑块和机架之间创建移动副，机架和大地之间创建固定副。单击相应的约束副，然后用鼠标单击创建位置,这样就在指定位置创建完约束副。值得注意的是,在创建相应约束副的对话框中,在参数"Construction"中,选择"1 Location",代表单点定位,这样可以指定旋转副的中心来创建旋转副。

在创建移动副的时候,需要用鼠标指定移动副的移动方向。成功创建约束副之后,整个机构便创建成功,如图 4-3-3 所示。

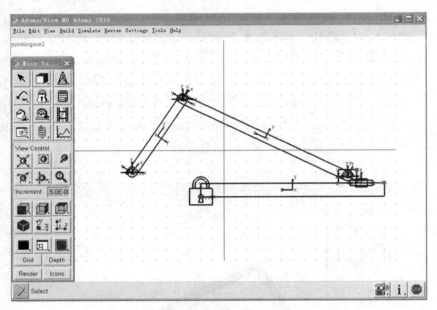

图 4-3-3　约束创建完成界面 2

4. 设置曲柄匀角速度

在这个实验中,要求曲柄以匀角速度做定轴转动,用主工具箱中的 ⬡ 定义曲柄匀角速度"speed"为 30(单位为度/秒),再单击曲柄与机架的铰接点,就完成了对匀速转动曲柄的定义,如图 4-3-4 所示。

5. 仿真输出

在主工具箱中选择仿真(Simulation)图标 ▦,弹出模拟仿真对话框,在"Simulation"栏中,选择"Default",系统将通过计算自由度判断是进行运动学模拟还是动力学模拟,在这个实验中也可选择"Kinematic"(运动学仿真),模拟时间选择 60 s,相应地修改"End Time"为 60,时间步长设成 300 步,相应地修改"Steps"为 300,代表每0.2 s 记录一次数据。仿真模拟参数定义界面,如图 4-3-5 所示。单击 ▶,开始仿真分析。

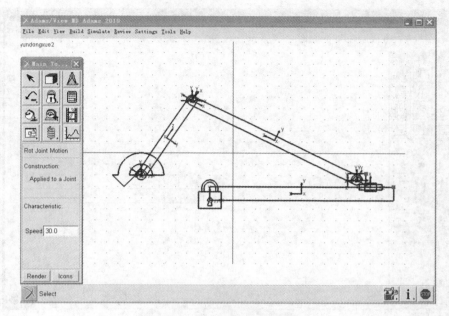

图 4-3-4　角速度施加完成界面

6. 结果输出

ADAMS 软件的结果输出有三种方式：动画输出、数据表格输出和数据曲线输出。动画输出简单直观，单击主工具箱中的图标，即可回放之前的仿真过程。其中单击按钮▶，实现仿真再现，再次单击此按钮，可停止动画，也可单击按钮 ■ 来停止动画；复位按钮 ◄◄，可使动画进行复位，回到最初的位置；加一按钮 +1，用于使仿真动画前进一个输出步；减一按钮 -1，用于使仿真动画后退一个输出步，并且在"Animation"对话框中的按钮下方显示当时所在的步数。动画输出界面如图 4-3-6 所示。

三个运动构件的运动参数都可以数据曲线的方式输出。在这个实验中，以附录中的实验报告为准，在一张图上叠加所有要求的运动参数曲线，也为数据表格输出做准备，如图 4-3-7 所示。

最后，按实验报告要求选择要测的参数，以数据表格的形式输出，如图 4-3-8 所示。

图 4-3-5　仿真模拟参数
定义界面 2

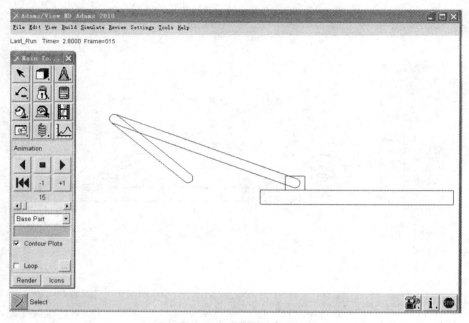

图 4-3-6　动画输出界面

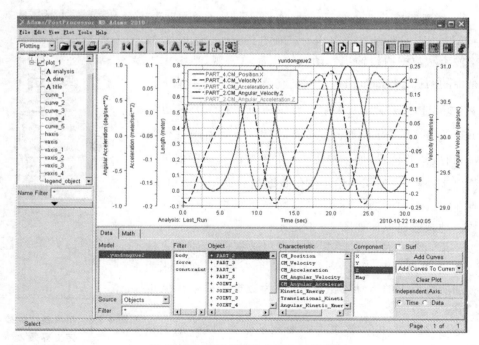

图 4-3-7　数据曲线输出定义对话框

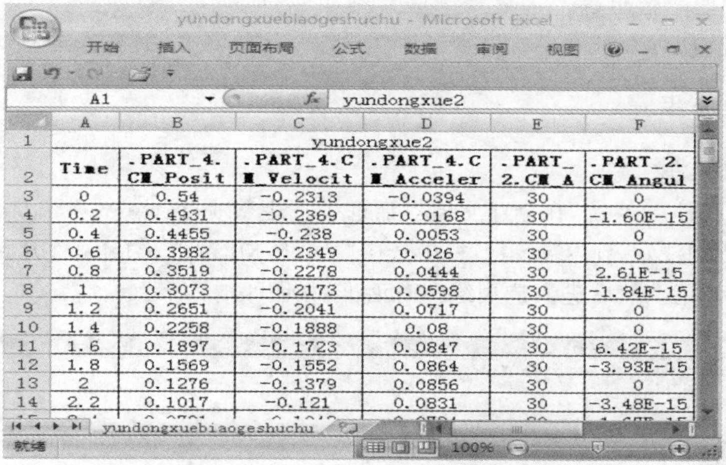

	A	B	C	D	E	F
1	yundongxue2					
2	Time	.PART_4.CM_Posit	.PART_4.CM_Velocit	.PART_4.CM_Acceler	.PART_2.CM_A	.PART_2.CM_Angul
3	0	0.54	-0.2313	-0.0394	30	0
4	0.2	0.4931	-0.2369	-0.0168	30	-1.60E-15
5	0.4	0.4455	-0.238	0.0053	30	0
6	0.6	0.3982	-0.2349	0.026	30	0
7	0.8	0.3519	-0.2278	0.0444	30	2.61E-15
8	1	0.3073	-0.2173	0.0598	30	-1.84E-15
9	1.2	0.2651	-0.2041	0.0717	30	0
10	1.4	0.2258	-0.1888	0.08	30	0
11	1.6	0.1897	-0.1723	0.0847	30	6.42E-15
12	1.8	0.1569	-0.1552	0.0864	30	-3.93E-15
13	2	0.1276	-0.1379	0.0856	30	0
14	2.2	0.1017	-0.121	0.0831	30	-3.48E-15

图 4-3-8 数据表格输出形式

三、实验总结

本实验的主要目的是通过自己动手设计、制作曲柄滑块机构的过程，了解机构组成和运动特点，可以直观地观察曲柄滑块机构的仿真运动，进而研究各构件运动数据的特点等，加深对运动学有关知识的理解，从而为以后机械设计等内容的学习打好基础。

四、问题讨论

(1) 实验数据中滑块的速度、加速度绝对值最大时，滑块分别处于什么位置？

(2) 曲柄做匀速旋转时，滑块速度是常数吗？

第四节 双摆杆机构的动力学分析实验

双摆杆机构也是一种典型的机械装置，它通过摆杆 1、摆杆 2 的自重，带动两个摆杆做往复摆动。其中摆杆 1 由铰链与机座相连，摆杆 2 通过铰链与摆杆 1 相连，是理论力学中进行动力学分析的重要机构。

一、实验目的

(1) 确定构件的组成及相关外形尺寸参数，建立双摆杆机构模型。

(2) 运用 ADAMS 软件进行三维造型。

(3) 仿真模拟输出结果，结果的表达方式有以下三种：

① 仿真动画输出；

② 运动曲线输出；

③ 表格输出。

二、操作步骤

1. 创建文件

进入 ADAMS 系统，在创建文件对话框中选中"Create a new model"，在这个实验中，应该特别注意，在"Gravity"栏中选中"Earth Normal(-Global Y)"，表示受竖直向下的重力作用。然后进入造型绘图对话框，如图 4-4-1 所示。

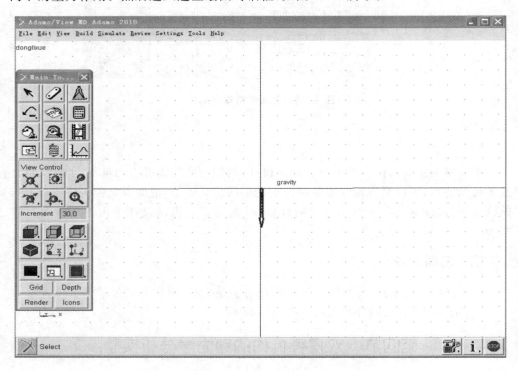

图 4-4-1　造型绘图对话框

2. 创建模型

打开零件库，选中图标 ，设置曲柄参数，在"Link"对话框中将"Length"设成 40 cm，"Width"设成 4 cm，"Depth"设成 2 cm，可在右侧的绘图窗口中绘制第一个摆杆，按照第一个摆杆的尺寸，在第一个摆杆的末端绘制第二个摆杆。充分利用 ，让第一个摆杆与铅垂线成 30°角，第二个摆杆与铅垂线成 60°角。注意观察铰接点是否重合。如果不重合，则单击主工具箱中的 ，最好选择 中的放大按钮 ，选中需要移动的零件,接着单击 对话框中的"Translate"栏的平移按钮,让两杆的连接处重合,平移步长可在"Distance"中定义。绘制配合之后整个机构如图 4-4-2 所示。

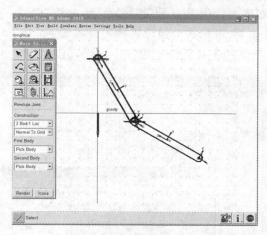

图 4-4-2　零件创建完成界面 3

3. 创建约束

绘制完毕所有零件之后,还需要设置零件之间的约束关系,在这个实验中,应该在第一个摆杆与机架、第一个摆杆与第二个摆杆之间创建旋转副。单击相应的约束副,然后用鼠标单击创建位置,便成功创建约束副。值得注意的是,在创建相应约束副的对话框中,在"Construction"中,选择"1 Location",代表单点定位,只需在铰接点处单击"Mark"点即可。创建完所有约束副之后,整个机构便创建完成,如图 4-4-3 所示。

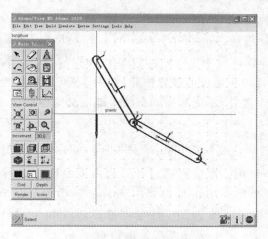

图 4-4-3　机构创建完成

4. 参数设置

机构为刚体模型,刚体个数为 2,自由度为 2,将完成动力学仿真。此实验中,无须添加初始外载荷,在重力作用下实现双摆联动,因此需对摆杆的材质(或自重)进行设置。参数设置方法如下,鼠标选中预设置的零件参数,如对于第一个摆杆,单击鼠标右键,出现"PART_2",选中对话框中的"Modify",出现图 4-4-4 所示的界面。

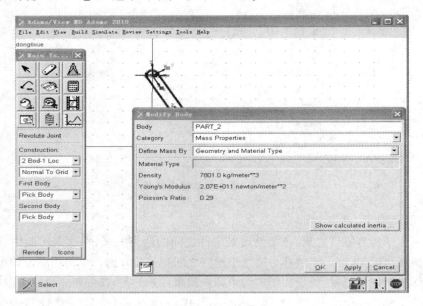

图 4-4-4　参数选择界面

进入参数对话框后,在"Category"中,选择"Mass Properties"后,在下一级菜单"Define Mass By"中选择"Geometry and Material Type",并在其下的"Material Type"中双击,出现选择材料菜单,选择其中的"steel",则将实验用的第一个摆杆设置成钢杆,系统将自动调用钢杆的参数性能,如图 4-4-5 所示。

同理,定义第二个摆杆,系统所需的参数全部定义完毕。

5. 仿真输出

在主工具箱中选择仿真(Simulation)图标 ▦,弹出模拟仿真对话框,在"Simulation"栏中,选择"Default",系统将通过计算自由度判断是进行运动学模拟还是进行动力学模拟,在这个实验中也可选择"Dynamic"(动力学仿真)。模拟时间选择 30 s,相应地将"End Time"改为 30,时间步长设成 600 步,相应地将"Steps"改为 600,代表每 0.05 s 记录一次数据。仿真模拟界面如图 4-4-6 所示。单击 ▶,开始仿真分析。

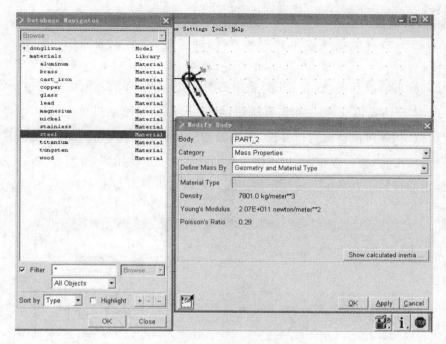

图 4-4-5　材质设定

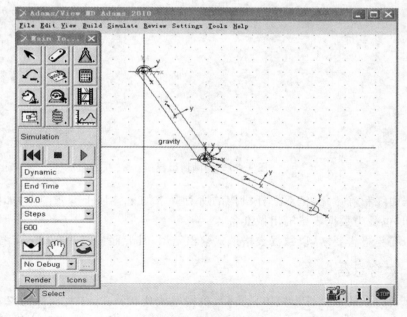

图 4-4-6　仿真模拟界面

6. 结果输出

ADAMS 软件的结果输出有三种方式：动画输出、数据表格输出和数据曲线输出。

动画输出简单直观，单击主工具箱中的图标 📄，即可回放之前的仿真过程，其中单击 ▶，实现仿真再现，再次单击此按钮，可停止动画，也可通过单击按钮 ■ 停止动画，复位按钮 ◄◄ 可使动画进行复位，回到最初的位置，加一按钮 +1 用于使仿真动画前进一个输出步，减一按钮 -1 用于使仿真动画后退一个输出步，并且在"Animation"对话框中的按钮下方显示当时所在的步数。动画输出界面如图 4-4-7 所示。

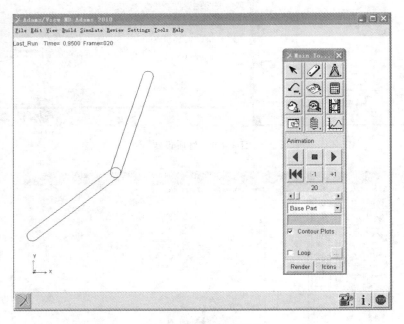

图 4-4-7　动画输出界面

数据曲线精确量化，把双摆杆机构的所有要求的量叠加于一张图上，如图 4-4-8 所示，同时也是为数据表格输出做准备。

按照实验报告要求，以数据表格形式输出结果，其界面如图 4-4-9 所示。

三、实验总结

对于动力学的双摆杆模拟仿真实验，机构组成比较简单，工程实际意义不大，但其具有动力学的明显特征，如自由度、重力作用下的运动特性、固定铰支座的附加约束力大小等。

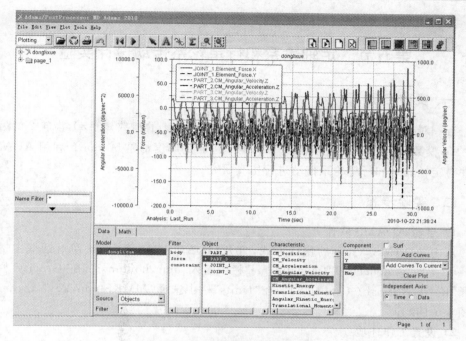

图 4-4-8　数据曲线输出界面

Time	.JOINT_1.Element_Force.X	.JOINT_1.Element_Force.Y	.PART_2.CM_Angular_Velocity.Z	.PART_2.CM_Angular_Acceleration.	.PART_3.CM_Angular	.PART_3.CM_Angular_Acceleratio
0	15.0001	-37.0725	0	-366.1057	0	-1293.5869
0.05	15.1729	-37.9587	-17.9374	-344.1275	-64.4688	-1288.5136
0.1	16.857	-43.4102	-32.7306	-187.3327	-129.6144	-1401.3853
0.15	17.4305	-47.1251	-44.6949	-201.2157	-190.5903	-1166.9169
0.2	19.1272	-54.6373	-56.2233	-268.0717	-239.0419	-760.022
0.25	18.53	-58.0673	-75.6205	-556.9998	-260.4426	2.0252
0.3	16.5248	-62.8226	-108.8689	-770.1815	-240.4274	787.1172
0.35	10.9593	-65.2745	-147.4952	-737.62	-189.4777	1196.1201
0.4	2.7406	-69.1996	-178.8079	-478.0631	-128.5991	1164.0051
0.45	-7.9599	-70.705	-192.4066	-36.2432	-81.023	665.0032
0.5	-17.7144	-64.9044	-181.2856	487.6295	-65.7143	-75.3079
0.55	-22.4632	-53.9912	-146.3601	887.2207	-82.8667	-567.6393
0.6	-23.4151	-45.1153	-96.4849	1075.5627	-114.827	-651.7142
0.65	-23.4936	-41.0883	-41.9472	1074.1307	-143.3311	-438.4569
0.7	-23.3432	-40.8233	8.0989	900.0293	-154.7495	22.9345
0.75	-21.67	-41.3071	46.6612	632.1392	-138.8749	626.8552
0.8	-18.5661	-41.0552	72.53	409.3631	-94.3303	1139.2562

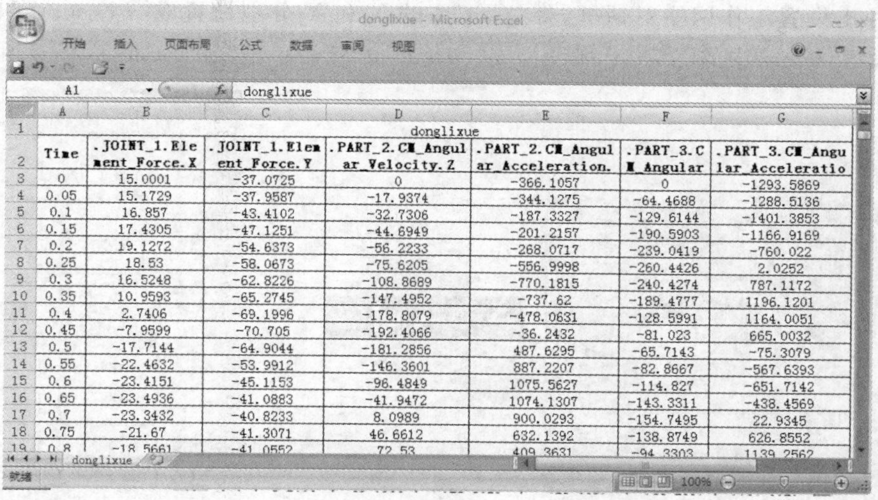

图 4-4-9　数据表格输出界面

四、问题讨论

(1) 根据数据表中的数据,第一个摆杆、第二个摆杆的转动角速度在什么时候最大?

（2）约束力的绝对值在什么时候最大？

第五节　定轴轮系和行星轮系传动设计实验

一、实验目的

有一对外啮合渐开线直齿圆柱体齿轮，已知齿轮 1 的齿数 $z_1 = 50$，齿轮 2 的齿数 $z_2 = 25$，模数 $m = 4$ mm，压力角 $\alpha = 20°$，两个齿轮的厚度都是 50 mm。利用 ADAMS 软件对定轴轮系和行星轮系传动进行仿真研究。

二、实验步骤

1）启动 ADAMS 软件

双击 ADAMS/View 的快捷方式，打开 ADAMS/View。在欢迎对话框中选择 "Create a new model"，在 "Model name" 栏中输入 "dingzhoulunxi"；在 "Gravity" 栏中选择 "Earth Normal（-Global Y）"；在 "Units" 栏中选择 "MMKS-mm, kg, N, s, deg"，如图 4-5-1 所示。

2）设置工作环境

在 ADAMS/View 菜单栏中，选择 "Setting" 下拉菜单中的 "Working Grid" 命令。系统弹出设置工作网格对话框，将 "Size" 中的 X 和 Y 分别设置成 "750 mm" 和 "500 mm"，"Spacing" 中的 X 和 Y 都设置成 "50 mm"。然后单击 "OK"，如图 4-5-2 所示。

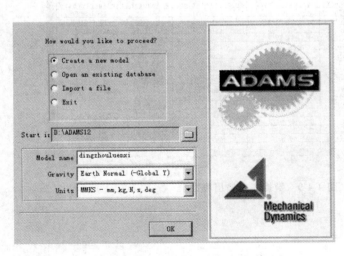

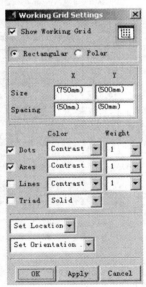

图 4-5-1　启动 ADAMS 软件　　　　　　图 4-5-2　设置工作网格对话框

　　用鼠标左键单击选择（Select）图标，控制面板出现
在工具箱中。用鼠标左键单击动态放大（Dynamic
Zoom）图标，在模型窗口中，单击鼠标左键并按住不放，
移动鼠标进行放大或缩小。

3）创建齿轮

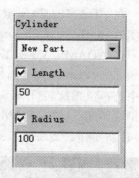

图 4-5-3　设置圆柱体选项

　　在 ADAMS/View 零件库中选择圆柱体（Cylinder）
图标，参数选择"New Part"，长度（Length）选择 50 mm
（齿轮的厚度），半径（Radius）选择 100 mm，如图 4-5-3
所示。在 ADAMS/View 工作窗口中用鼠标左键先选择
点（0，0，0）mm，再选择点（0，50，0）mm。一个圆柱体
（PART_2）创建出来，如图 4-5-4 所示。

　　在 ADAMS/View 的位置/方向库中选择位置旋转（Position：Rotate…）图标，在
角度（Angle）一栏中输入 90，表示将对象旋转 90°，如图 4-5-5 所示。在 ADAMS/
View 窗口中用鼠标左键选择圆柱体，将出来一个白色箭头，移动光标。然后单击鼠
标左键，旋转后的圆柱体如图 4-5-6 所示。

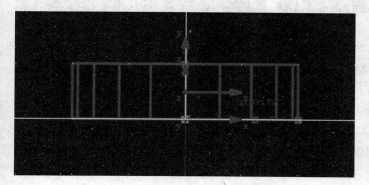

图 4-5-4　创建圆柱体

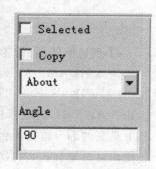

图 4-5-5　位置旋转选项

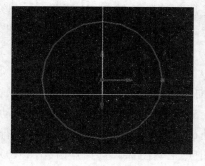

图 4-5-6　旋转后的圆柱体

图 4-5-7　设置圆柱体选项

在 ADAMS/View 零件库中选择圆柱体(Cylinder)图标,参数选择"New Part",长度(Length)选择 50 mm(齿轮的厚度),半径(Radius)选择 50 mm,如图 4-5-7 所示。在 ADAMS/View 工作窗口中用鼠标左键先选择点(150,0,0)mm,再选择点(150,50,0)mm。一个圆柱体(PART_3)创建出来。在 ADAMS/View 的位置/方向库中选择位置旋转(Position:Rotate⋯)图标,在角度(Angle)一栏中输入 90,表示将对象旋转 90°。在 ADAMS/View 窗口中用鼠标左键选择圆柱体,将出来一个白色箭头,移动光标。然后单击鼠标左键,旋转后的圆柱体如图 4-5-8 所示。

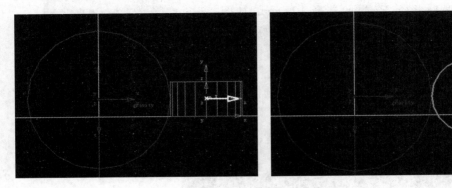

图 4-5-8 旋转后的圆柱体

4)创建旋转副、齿轮副、旋转驱动

选择 ADAMS/View 约束库中的旋转副(Joint:Revolute)图标,参数选择"2 Bod-1 Loc"和"Normal To Grid"。在 ADAMS/View 工作窗口中用鼠标左键先选择齿轮(PART_2),再选择机架(ground),接着选择齿轮上的"PART_2.cm"。操作屏幕上显亮的部分就是所创建的旋转副(JOINT_1)。该旋转副连接机架和齿轮,使齿轮能相对机架旋转。再次选择 ADAMS/View 约束库中的旋转副(Joint:Revolute)图标,参数选择"2 Bod-1 Loc"和"Normal To Grid"。在 ADAMS/View 工作窗口中用鼠标左键先选择齿轮(PART_3),再选择机架(ground),接着选择齿轮上的"PART_3.cm"。操作屏幕上显亮的部分就是所创建的旋转副(JOINT_2)。该旋转副连接机架和齿轮,使齿轮能相对机架旋转。齿轮和蜗杆上的旋转副如图 4-5-9 所示。

创建两个定轴齿轮的啮合点(MARKER)。齿轮副的啮合点和旋转副必须有相同的参考连杆(机架),并且啮合点 Z 轴的方向与齿轮的传动方向相同。所以,啮合点(MARKER)必须定义在机架(ground)上。选中 ADAMS/View 工具箱的动态选择(Dynamic Pick)图标,将两个齿轮的啮合处放大,再选中动态旋转图标,进行适当的旋转。选择 ADAMS/View 零件库中的标记点工具图标。选择点(100,50,0)mm。对之前做出的啮合点进行位置移动和方位旋转,使该啮合点位于两齿轮中心线上,并

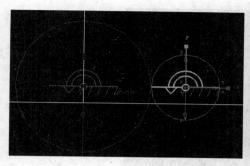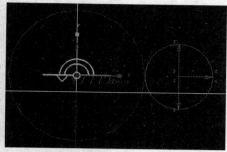

图 4-5-9　齿轮和蜗杆上的旋转副

使啮合点的 Z 轴方向与齿轮旋转方向相同。在 ADAMS/View 窗口中,在两个齿轮啮合处单击鼠标右键,选择"--Maker:MARKER_14→Modify"。在弹出的对话框中,将"Location"栏的值"100.0,50.0,0.0"改为"100.0,25.0,0.0"(位置移动),将"Orientation"栏中的值"0.0,0.0,0.0"修改为"0.0,90.0,0.0"(方位旋转),如图 4-5-10 所示。单击属性修改对话框中的"OK",旋转后的啮合点(MARKER_14)如图 4-5-11 所示。从图中可以看出,啮合点的 Z 轴方向与齿轮的啮合方向相同。

Marker Modify	
Name	.dingzhouluenxitwo.ground.MARKER_7
Location	100.0, 25.0, 0.0
Location Relative To	.dingzhouluenxitwo
Orientation	0.0, 90.0, 0.0
Orientation Relative To	.dingzhouluenxitwo
Solver ID	7

OK　Apply　Close

图 4-5-10　属性修改对话框

选择 ADAMS/View 约束库中的齿轮副(Gear)图标,在弹出的对话框的"Joint Name"栏中,单击鼠标右键分别选择"JOINT_1""JOINT_2"。在"Common Velocity Marker"栏中,单击鼠标右键选择啮合点(MARKER_14)。然后单击对话框中的"OK",两个齿轮的齿轮副创建出来,如图 4-5-12 所示。在 ADAMS/View 驱动库中选择旋转驱动(Rotational Joint Motion)按钮,在"Speed"栏中输入"360","360"表示每秒旋转 360°。在 ADAMS/View 工作窗口中,在两个齿轮中任选一个作为主动齿轮,本设计中选择左边的齿轮,用鼠标左键单击齿轮上的旋转副(JOINT_1),一个旋转驱动创建出来,如图 4-5-13 所示。

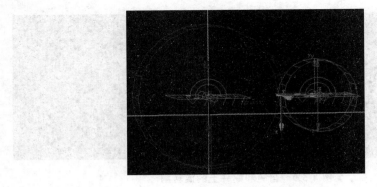

图 4-5-11　旋转后的啮合点

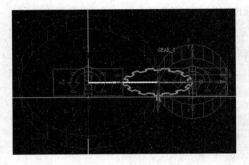

图 4-5-12　定轴齿轮的齿轮副

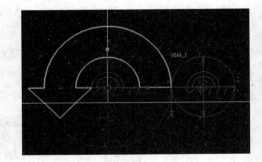

图 4-5-13　齿轮上的旋转驱动

三、求解与结果分析

　　单击仿真按钮,设置仿真终止时间(End Time)为1,设置仿真工作步长(Step Size)为0.01,然后单击开始仿真按钮,进行仿真。对小齿轮进行运动分析。因为大齿轮的齿数 $z_1 = 50$,小齿轮的齿数 $z_2 = 25$,模数 $m = 4$ mm,所以由机械原理可以知道,对于标准外啮合渐开线直齿圆柱体齿轮传动,小齿轮的转速为大齿轮的转速的2倍。对小齿轮的旋转副JOINT_2进行角位置分析。在 ADAMS/View 工作窗口中用鼠标右键单击小齿轮的旋转副JOINT_2,选择"Modify"命令,在弹出的修改对话框中选择测量(Measure)图标。在弹出的测量对话框中,将"Characteristic"栏设置为"Ax/Ay/Az Projected Rotation",将"Component"栏设置为"Z",将"From/At"栏设置为"PART_3. MARKER_5"(或者"ground. MARKER_6"),其他的设置如图4-5-14所示。然后单击对话框中的"OK"。生成的时间和角度之间的关系曲线如图4-5-15所示。

　　由计算结果可知,当大齿轮逆时针转过一周时,小齿轮顺时针转过两周,符合标

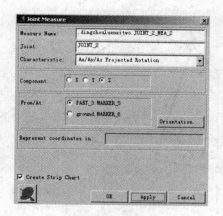

图 4-5-14　测量力对话框的设置

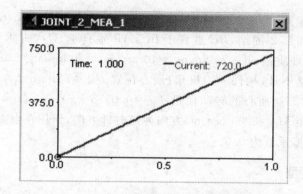

图 4-5-15　生成的时间和角度之间的关系曲线

准外啮合渐开线直齿圆柱体齿轮传动角速度与齿轮的分度圆半径成反比的关系条件。

第六节　六杆组合机构动力学分析实验

一、实验目的

使用 ADAMS 软件,建立简单机械系统的动力学模型,进行求解计算和结果分析。建立单自由度杆机构(有无滑块均可)动力学模型,由静止启动,选择一固定驱动力矩,绘制原动件在一周内的运动关系线图,具体机构及参数自拟。

二、设计参数

六杆复合式组合机构如图 4-6-1 所示。

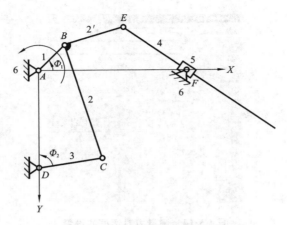

图 4-6-1　六杆复合式组合机构

已知 l_{AB}＝150 mm，l_{BC}＝500 mm，l_{DC}＝260 mm，l_{BE}＝250 mm，l_{AF}＝600 mm，l_{AD}＝410 mm，杆 2 和杆 2′固结，BE 垂直于 BC，AF 垂直于 AD，曲柄 1 的驱动力矩为 2000 N·m，各构件质量 m_1＝20 kg，m_2＝40 kg，$m_{2'}$＝20 kg，m_3＝30 kg，m_4＝70 kg，滑块 5 的质量忽略不计，构件 6 为机架；质心位置 l_{CS1}＝75 mm，l_{CS3}＝130 mm，质心 S_5 在点 E，构件 1、3 绕质心的转动惯量 J_{S1}＝0.0375 kg·m^2，J_{S3}＝0.176 kg·m^2；曲柄 1 的驱动力矩 M_1＝2000 N·m，方向为逆时针方向，作用在点 A；滑块的静摩擦系数为 0.5，动摩擦系数为 0.3。

三、建立模型

运用 ADAMS 设计方法，建立动力学模型，如图 4-6-2 所示。试分析在曲柄回转一周过程中：

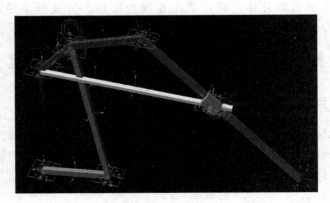

图 4-6-2　六杆复合式组合机构动力学模型

（1）曲柄 1 与 X 轴正方向间夹角 Φ_1 随时间变化的关系，曲柄 1 转动的角速度 ω_1 以及角加速度 α_1 随时间变化的关系；

（2）杆 3 与 Y 轴反方向间夹角 Φ_2 随时间变化的关系，杆 3 转动的角速度 ω_3 以及角加速度 α_3 随时间变化的关系；

（3）滑块 5 与杆 4 间的相对速度 V_5 与加速度 a_5 随时间变化的关系。

第五章　材料力学虚拟仿真实验

第一节　拉　伸　实　验

一、实验目的

通过虚拟仿真实验,观察低碳钢和铸铁试样在拉伸过程中的各种现象,掌握实验设备的构造和工作原理,理解并绘制材料拉伸过程中力与变形量的关系曲线。

二、实验内容

(1)测定低碳钢的性能指标包括两个强度指标(屈服应力、抗拉强度)和两个塑性指标(断后伸长率、断面收缩率);测定铸铁的强度极限。

(2)观察上述两种试样在拉伸过程中的各种实验现象,并绘制力与变形量的关系曲线。

(3)分析比较低碳钢和铸铁的力学性能与试样破坏特征。

(4)了解名义应力应变曲线与真实应力应变曲线的区别,并估算试样断裂时的应力。

三、实验原理

1. 低碳钢拉伸

低碳钢一般是指含碳量在 0.3% 以下的碳素结构钢。本次实验采用牌号为 Q235 的碳素结构钢,其含碳量为 0.14%~0.22%。典型低碳钢拉伸时的力和变形量的关系曲线($F\text{-}\Delta L$ 曲线)可分为四个阶段:弹性阶段、屈服阶段、强化阶段、颈缩阶段。

2. 铸铁拉伸

铸铁拉伸曲线与低碳钢拉伸曲线不同,铸铁在变形量很小时就达到最大的载荷并突然发生断裂破坏,没有屈服和颈缩现象,其抗拉强度也远小于低碳钢的抗拉强度。

四、实验步骤

(1)按照操作界面的提示,选择试样,使用游标卡尺进行测量。

(2)打开试验机,进行相关设置,并将试样安装于试验机上,打开测量软件。

(3)安装引伸仪,开始进行拉伸实验,观察实验现象,保存实验数据。

(4)实验结束后,平台会根据实验内容中记录的数据生成实验报告。

拉伸实验步骤如图 5-1-1 所示。

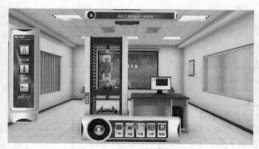
（a）选择试样

（b）测量数据

（c）旋按紧急按钮

（d）打开并设置仪器

（e）安装试样

（f）打开测量软件

（g）安装引伸仪

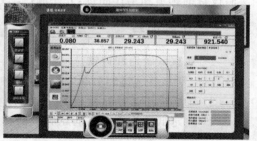
（h）观察并记录数据

图 5-1-1　拉伸实验步骤

五、教学流程

本实验采用课堂理论教学、虚拟仿真实验教学、真实实验教学相结合的教学模式。图 5-1-2 所示为拉伸实验教学流程图。

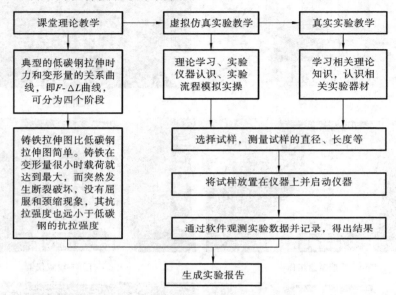

图 5-1-2　拉伸实验教学流程图

第二节　压 缩 实 验

一、实验目的

通过虚拟仿真实验,观察低碳钢和铸铁试样在压缩过程中的各种实验现象,掌握实验设备的构造和工作原理,并绘制压缩过程中力与变形量的关系曲线。

二、实验内容

(1) 观察低碳钢和铸铁这两种性能不同的材料在压缩实验中的破坏过程,并对实验数据、断口特征进行分析,了解这两种材料的力学性能及特点。

(2) 了解电子万能试验机的构造、工作原理和操作方法。

(3) 测定低碳钢压缩时的屈服极限和铸铁的强度极限。

三、实验原理

铸铁压缩图与铸铁拉伸图相似,但抗压强度要比其抗拉强度大得多;试样破坏时断裂面大约和试样轴线间成 45°角,说明破坏主要由切应力引起。

四、实验步骤

(1) 选择试样,使用游标卡尺测量试样的直径和高度,操纵仪器使压头移动到加压位置。

(2) 打开测量软件,输入位移速率,开始运行试验机。

(3) 运行结束后查看实验结果。

(4) 实验结束后平台会根据实验内容中记录的数据生成实验报告。

压缩实验步骤如图 5-2-1 所示。

（a）选择试样

（b）测量数据

（c）下降压头至加压位置

（d）输入位移速率

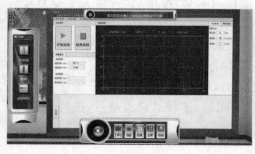
（e）开始运行仪器

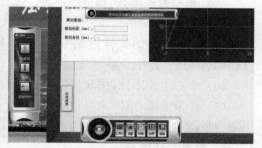
（f）查看结果

图 5-2-1　压缩实验步骤

第三节　扭 转 实 验

一、实验目的

（1）测定低碳钢的扭转屈服应力及抗扭强度。

（2）测定铸铁的抗扭强度。

（3）观察、比较低碳钢和铸铁试样在扭转时的变形和破坏现象，分析其破坏原因。

二、实验内容

本实验通过虚拟仿真扭转实验场景及扭转试验机进行。实验内容包括：在试样三个不同的位置测量直径、检查扭转机端面是否水平、用扳手固定试样、测试过程。本实验提供铸铁、低碳钢两种试样，并提供对应的实验结果。

三、实验原理

试样安装在旋转夹头和固定夹头之间，安装在导轨上的加载机构在伺服电机的带动下通过减速器使夹头旋转，对试样施加扭矩。试验机的正反加载和停车，可通过按液晶屏上面的标志按钮进行操作。测力单元通过与固定夹头相连的扭矩传感器输出电信号，在液晶屏和计算机上同步显示出来，并保存于计算机。

四、实验步骤

1. 扭转破坏实验

（1）打开扭转试验机右侧钥匙电源开关，按操作盘上 5 键，清零。

（2）安装试样并加套管用力扳紧试样，在扳紧和放松试样时请注意手的安全。

（3）录入实验参数，按录入图标，填写试样组编号，按增加钮，输入实验参数后保存。

（4）单击输入的试样组编号，按增加钮，输入试样参数。在试样序号栏输入：1 低碳钢、2 铸铁，按序号顺序进行实验。输完后保存并退出。

（5）单击实验图标，按联机钮，选中测量参数，输入完后单击实验开始。

（6）打印结果，返回主界面后，按分析打印图标，选择试样组编号，按检索钮，选中要分析的试样的编号，预览并打印结果。

2. 测量剪切模量

本实验在 JS-1 剪切模量实验装置上进行。实验加载采用分级增量法，每级增加 10 N，共加至 40 N。每加一级载荷记录一次读数，重复三次。

（1）桥路连接。

在试样的相对两边各粘贴一片剪切应变片，每片各有承受主拉应力和主压应力的两个敏感栅，可与应变仪接成半桥自补偿桥路或全桥自补偿桥路。

（2）安装扭角仪。

安装扭角仪，先读取千分表初读数（或归零），然后加载，读取相应数据。

（3）测量剪切模量。

求各级读数增量的均值，得到各级增量下的平均切应变增量，再根据试样尺寸和载荷增量，计算各级增量的切应力增量，最后，代入剪切胡克定律，求得剪切模量。

扭转实验步骤如图 5-3-1 所示。

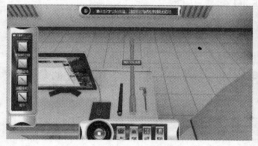
（a）选择实验方案

（b）测量试样直径

（c）固定实验试样

（d）试样保护

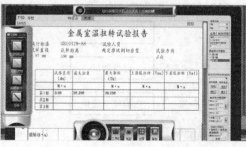
（e）实验结果显示

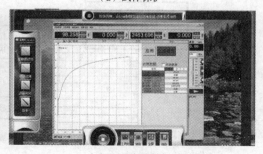
（f）记录实验数据

图 5-3-1　扭转实验步骤

（g）卸载　　　　　　　　　　　　（h）生成实验报告

续图 5-3-1

五、教学流程

本实验采用课堂理论教学、虚拟仿真实验教学、真实实验教学相结合的教学模式。图 5-3-2 所示为扭转实验教学流程图。

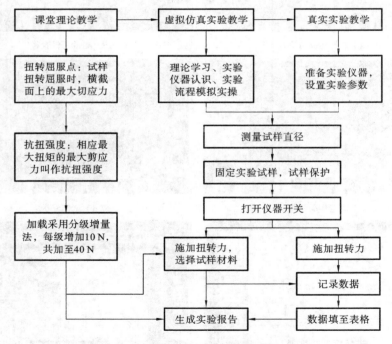

图 5-3-2　扭转实验教学流程图

第四节　弯曲与扭转组合变形实验

一、实验目的

通过虚拟仿真实验,掌握材料弯扭组合变形下、不同位置上的主应力大小与方向的测量原理和方法。

二、实验内容

(1) 根据不同的测量目的选择接线方式。
(2) 设置电阻应变仪参数,调试电桥,选择测点。
(3) 掌握应变的测量方法。
(4) 掌握主应力大小及方向的计算方法。

三、实验原理

根据应变分析原理,要想确定某点的主应变,就需要确定该点两个相互垂直方向的三个应变分量。由于在实验中测量剪应变困难,用电阻应变片测量线应变方便,因此通常先测量该点三个固定方向的线应变,再通过应变分析计算出主应变的大小和方向。为了简化计算,往往采用互成特殊角度的三片应变片组成的应变花进行测量。可通过电阻应变仪测得某点沿与轴向(x 轴)成 $-45°$、$0°$、$45°$ 角的三个方向的线应变,再代入计算公式,得到主应变的大小和方向,最后利用广义胡克定律得到主应力的大小,其中主应力方向与主应变方向一致。

四、实验步骤

(1) 按照操作界面的提示,选择不同的测点,并填入表格,将测点 B、D 两组应变花的六个应变片的六对引出线按 $B-45°$、$B0°$、$B45°$、$D-45°$、$D0°$、$D45°$ 的顺序分别接在 YJR-5A 型静态电阻应变仪的 1、2、3、4、5、6 接线柱上;将公共补偿片接到公共的 B、C 接线柱上。

(2) 打开静态电阻应变仪开关,设置加载极限、灵敏系数等参数,然后用螺丝刀逐点调节电阻平衡螺丝,使各测点的电桥处于平衡状态。然后,切换到应变仪视角并选择测点。

(3) 逆时针转动加载手轮对试样进行分级加载(数字测力仪显示的数字为作用在加力杆端的载荷值,单位为 N),初始载荷为 0 N,以后每级加载 150 N,记录各测点相应的应变值,直至最大荷载为 450 N 为止。

(4) 再重复测量两次,记录各测点相应的应变值。取以上三次测试应变的平均值,计算主应力的大小和方向,实验结束后,平台会根据实验过程中记录的数据生成实验报告。

弯曲与扭转组合变形实验步骤如图 5-4-1 所示。

（a）选择仪器和接线

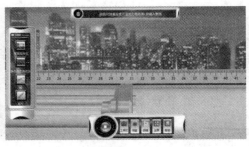
（b）测量力臂

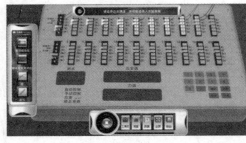
（c）选择应变通道

（d）逐级加载

（e）载荷显示

（f）记录实验数据

（g）卸载

（h）生成实验报告

图 5-4-1　弯曲与扭转组合变形实验步骤

五、教学流程

本实验采用课堂理论教学、虚拟仿真实验教学、真实实验教学相结合的教学模式。图 5-4-2 所示为弯曲与扭转组合变形实验教学流程图。

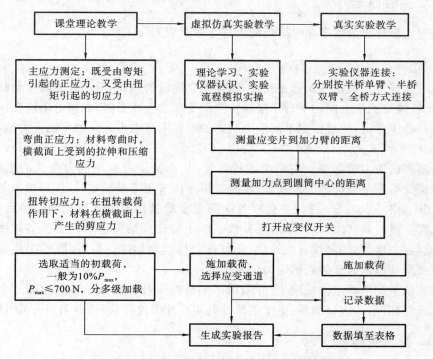

图 5-4-2 弯曲与扭转组合变形实验教学流程图

第五节　梁弯曲正应力实验

一、实验目的

（1）通过虚拟仿真实验，测定钢梁纯弯曲段横截面上正应力的大小及分布规律，并与理论值比较，验证弯曲正应力公式。

（2）掌握应变电测原理以及静态电阻应变仪的使用方法。

二、实验内容

（1）认识实验仪器，了解虚拟实验操作方法。

（2）学习正确的应变片接线方式。

（3）学会利用电测法测量应变。

（4）了解半桥温度补偿接线方式。

（5）验证纯弯曲梁横截面上的弯曲正应力公式。

三、实验原理

由理论推导出梁纯弯曲时横截面上的弯曲正应力公式，为

$$\sigma_{理}=\frac{My}{I_z}$$

为了验证上述理论公式的正确性，在梁纯弯曲段的侧面，沿不同的高度粘贴电阻应变片，线应变测量方向均平行于梁轴。当梁受载发生变形时，利用电阻应变仪测出各应变片的应变值，然后根据单向应力状态的胡克定律求出各点的实测应力值，为

$$\sigma_{实}=E\varepsilon_{实}$$

将测得的应力值与理论应力值进行比较，从而验证弯曲正应力公式的正确性。为了观察变形量与载荷的线性关系，实验时第一次采用增量法加载，即每增加等量载荷 ΔP，测读各点的应变一次，并观察各次的应变增量是否也基本相同。然后，重复加载从零至终载荷两次，以便了解重复性。由于应变片是关于中性层上下对称布置的，因此，在每次加载、测读应变值后，还可以分析其对称性。最后，取三次载荷所测得的应变平均值来计算各点的应力值 $\sigma_{实}$。

本实验采用电测法测量应变，并采用了半桥温度补偿接法。本实验的五个测点的温度条件相同，为方便测量，五个测量片共用一片温度补偿片，即采用公共补偿法。

四、实验步骤

（1）记录钢梁的截面尺寸。

（2）按照操作界面的提示，使用游标卡尺测量梁的宽度和高度，然后在工具面板选择直尺测量载荷作用点到梁支点的距离，读出数值后将其填入表格。

（3）打开应变仪开关。

（4）进行加载测量，即顺时针转动手轮增加载荷，由 400 N 逐次增加 200 N，直至 1200 N。每次记录编号为 1 到 5 的读数到表格中，测量完毕后逆时针转动手轮至载荷为 0 N。

（5）拆除应变片接线。

（6）注意事项：

① 不随意拉动导线或触碰钢梁上的电阻应变片；

② 不随意调整应变仪上的调幅电位器；

③ 为防止试样过载，加载最大值不超过 5 kN。

梁弯曲正应力实验步骤如图 5-5-1 所示。

（a）选择仪器和接线

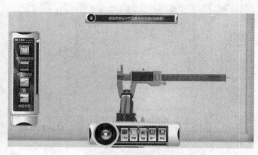

（b）测量梁的宽度和高度

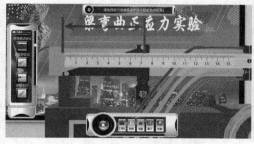

（c）测量载荷作用点到梁支点的距离

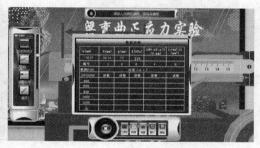

（d）输入正确读数

（e）打开应变仪开关

（f）转动手轮增加载荷

（g）分析实验数据

（h）关闭应变仪开关

图 5-5-1　梁弯曲正应力实验步骤

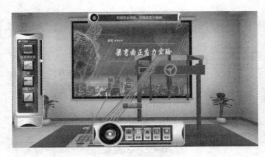

　　（i）拆除应变片接线　　　　　　　　　（j）生成实验报告

续图 5-5-1

五、教学流程

　　本实验采用课堂理论教学、虚拟仿真实验教学、真实实验教学相结合的教学模式。图 5-5-2 所示为梁弯曲正应力实验教学流程图。

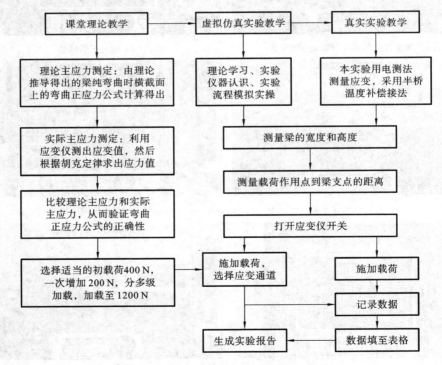

图 5-5-2　梁弯曲正应力实验教学流程图

第六节 弹性模量与泊松比电测实验

一、实验目的

(1) 测定低碳钢的弹性模量和泊松比。

(2) 验证胡克定律。

(3) 掌握电阻应变片测量原理及贴片方式。

(4) 掌握应变测试的接线方式。

二、实验原理

弹性模量 E 和泊松比 μ 是反映材料弹性阶段力学性能的两个重要指标。在弹性阶段,对一个具有确定形状的试样的两端施加轴向拉力 F,使试样的实验段处于单向拉伸状态,在截面上便产生了轴向拉应力 σ,试样轴向单位长度的伸长量称为线应变 ε。随着拉力的不断增大,试样的变形量也不断地增加。同样地,当施加轴向压力时,试样轴向缩短。在弹性阶段,拉伸时的应力与应变间的比值等于压缩时的应力与应变间的比值,且为定值,并称之为弹性模量。

$$E = \frac{\sigma}{\varepsilon}$$

在试样轴向受拉伸长的同时,其横向尺寸会缩短;同样地,在试样轴向受压缩短的同时,其横向尺寸会伸长。在弹性阶段,确定材质的试样拉伸时的横向应变与试样的纵向应变间的比值等于压缩时横向应变与纵向应变间的比值,并称之为泊松比。

$$\mu = \left| \frac{\varepsilon_\text{横}}{\varepsilon_\text{纵}} \right|$$

这样,弹性模量 E 和泊松比 μ 的测量就转化为拉力、压力和纵向、横向应变的测量,拉力、压力的测量原理见拉伸、压缩实验,应变的测量采用电测法来实现。

三、实验步骤

(1) 试样原始参数的测量及标距的确定。本实验采用圆柱体铣平试样,并用游标卡尺对试样直径和厚度进行多次测量,计算试样的截面面积。并查相关资料,预估其弹性阶段极限承载力。

（2）与拉伸实验中试样的装夹类似，首先确定试验机的状态：单向拉伸时，上部转接套处于铰接状态；拉压交替加载时，上部转接套处于固接状态；下部转接套安装在转换杆上；"进油手轮"关闭、"压力调整手轮"打开。

（3）调整试验机下夹头套的位置，操作步骤为：关闭"进油手轮"，打开"压力调整手轮"，选择"油泵启动""油缸上行"，打开"进油手轮"，下夹头套上行（此时严禁将手放在上、下夹头套的任何位置），至合适位置后，关闭"进油手轮"。将上、下夹头套开口的位置对齐，将试样沿上、下夹头套的开口部位安装到上、下夹头套内。调整下夹头套至拉伸位置，使试样加载凸台（或螺母）与夹头套的间隙为 2～3 mm，关闭"进油手轮"，确保试样可以在夹头套内灵活转动。

（4）按要求连接测试线路，一般第一通道测拉力、压力，连接到试验机的拉力、压力传感器接口。其余通道选择测应变，采用双片串联的方式来测应变：首先用短路线将两个纵向和两个横向应变片分别串联起来，包括补偿应变片；然后，采用快速插头连接的方式，将被测应变片依次连接到测试通道中，连接时需要注意应变片的位置与测试通道的对应关系；补偿方式可以采用公用补偿片（1/4 桥）的方式，也可以采用自带补偿片（半桥）的方式。

（5）设置数据采集环境。

① 首先检测仪器。检测到仪器后，系统将自动给出上一次实验的测试环境，或通过文件导入项目的方式来引入所需要的采集环境。

② 设置测试参数。测试参数是联系被测物理量与实测电信号的纽带，设置正确合理的测试参数是得到正确数据的前提。测试参数包括系统参数、通道参数和窗口参数三部分。其中，系统参数包括测试方式、采样频率、报警参数、实时压缩时间及工程单位等；通道参数反映被测物理量与实测电信号之间的转换关系，包括测量内容、转换因子及满度值等。

（6）数据预采集。

检查采集设备各通道显示的满度值是否与通道参数的设定值一致，如果不一致，需进行初始化硬件操作，即单击菜单栏中的"控制"，选择"初始化硬件"。

（7）数据分析。

将实验前测量及实验中获取的数据，代入对应的公式即可得到弹性模量和泊松比。需要注意的是，由于采用拉、压双向加载测试，分析数据时需要分别进行分析和比对。

弹性模量与泊松比电测实验步骤如图 5-6-1 所示。

（a）用游标卡尺测量试样

（b）将试样安装在夹持装置上

（c）夹紧试样

（d）将十字电阻应变片添加到试样上

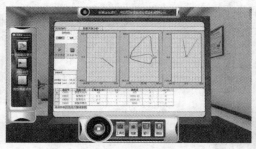

（e）记录压缩实验数据

（f）记录拉伸实验数据

（g）移除十字电阻应变片

（h）松开夹持装置

图 5-6-1　弹性模量与泊松比电测实验步骤

第七节　压杆实验

一、实验目的

(1) 观察和了解细长中心受压杆件失稳时的现象。

(2) 用电测法测定两端铰支压杆的临界力,并与理论计算结果进行比较。

二、实验设备

(1) 静态电阻应变仪一台。

(2) 压杆稳定实验架一台,如图 5-7-1 所示。

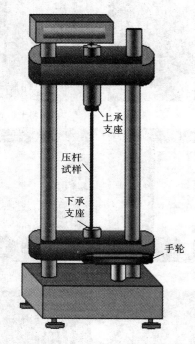

上承支座

压杆试样

下承支座

手轮

图 5-7-1　压杆稳定实验架

三、实验原理

本实验采用矩形截面薄杆试样,材料为 65 号钢,其弹性模量为 2.10×10^5 MPa,试样尺寸为:厚度 3.00 mm,宽度 20.00 mm,长度 345 mm。试样两端做成带一定圆弧的尖端,将试样放在实验架支座的 V 形槽口中,顺时针转动加载手轮,通过减速装置的带动,横梁向上移动,试样受压,压杆受到的力由上横梁上的传感器拾取,由数字测力仪测得并显示出来。当试样发生弯曲变形时,试样的两端能自由地绕 V 形槽口转动,因此可把试样视为两端铰支压杆。在压杆中间部分的两个侧面沿轴线方向各贴一片电阻应变片 R_1、R_2,采用半桥温度自补偿的方法对应变进行测量。

四、操作步骤

(1) 接线:将压杆上已粘贴好的应变片按半桥测量法的组桥方式接至应变仪上。

(2) 预调平衡:打开静态电阻应变仪开关,在载荷为零时先用螺丝刀调节第 1 测点的电阻平衡丝,使应变读数为零。

(3) 加载测量:沿顺时针方向旋转手轮,对压杆施加载荷,所施加的载荷的大小由测力仪显示。在加载初期,杆件不弯曲,应变片只反映压缩应变,而且在半桥测量法的组桥方式下,压缩应变被消除了,因此,应变仪上显示的应变几乎不增加。随着载荷的增加,压杆逐渐弯曲,应变片不仅反映压缩应变,同时也反映弯曲应变,这时应变仪上的应变 ε_{du} 开始增加。本实验要求采用由等量加载到非等量加载的方法,即实验开始时可选用载荷等量加载,随着 $\Delta\varepsilon_{du}$ 的不断增大,把载荷增量 ΔP 逐渐减小,并记录相应的应变读数,直到 ΔP 很小而 $\Delta\varepsilon_{du}$ 突然变得很大时,应立即停止加载。

压杆实验步骤如图 5-7-2 所示。

（a）虚拟实验场景

（b）加载测量

（c）记录测量结果

（d）分析结果

图 5-7-2　压杆实验步骤

五、教学流程

本实验采用课堂理论教学、虚拟仿真实验教学、真实实验教学相结合的教学模式。图 5-7-3 所示为压杆实验教学流程图。

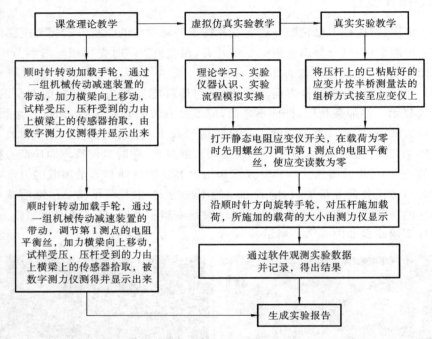

图 5-7-3　压杆实验教学流程图

第八节　冲 击 实 验

一、实验目的

通过虚拟仿真实验,掌握冲击实验的完整操作流程,熟悉冲击试验机的结构、工作原理和使用方法,测定低碳钢和中碳钢两种材料在高温、室温、低温下的冲击功。

二、实验原理

冲击实验是一种动态力学实验,它是将具有一定形状和尺寸的 U 形或 V 形缺口的试样,在冲击载荷作用下折断,以测定其冲击功和冲击韧性值的一种实验方法。

实验时,将试样放在试验机支座上,缺口位于冲击侧的背面,并使缺口位于支座中间。然后将冲击摆锤抬至一定的高度,使其获得一定重力势能。冲击功的数值可从冲击试验机的表盘上读出。将冲击功除以试样缺口底部的横截面面积,即可得到试样的冲击韧性值。

三、实验步骤

(1)检查冲击试验机是否正常工作。将表盘上的指针拨至最大值,冲击摆锤抬起后,空打一次,检查指针是否回到零位,否则应进行调整。检查完毕后关闭仪器电源开关。

(2)将试样放进保温桶中,加入温度计测量当前温度,当温度达到测量温度后保温 5 min。可选温度有:低温－20 ℃;常温 27 ℃;高温 80 ℃。

(3)打开冲击试验机电源,单击摆锤按钮使摆锤抬起,然后用钳子夹取试样放在冲击位置。

(4)将表盘上指针拨至最大值,单击冲击按钮,冲击完成后查看表盘指针读数并记录。

(5)记录完成后,右键单击试样并移除,关闭仪器电源。

重复步骤(2)～步骤(5)继续对其他试样进行实验。

冲击实验步骤如图 5-8-1 所示。

（a）检查冲击试验机是否正常工作

（b）准备试样

（c）抬起摆锤

（d）安装试样

图 5-8-1　冲击实验步骤

（e）将指针拨至最大值

（f）单击冲击按钮

（g）读数

（h）记录数据

续图 5-8-1

第六章　流体力学虚拟仿真实验

第一节　雷诺实验

一、实验目的

(1) 观察层流和紊流及其转换特征。

(2) 通过临界雷诺数,掌握圆管流动状态判别准则。

二、实验内容

(1) 认识实验仪器,了解虚拟实验操作方法。

(2) 通过逐渐开大阀门,测定由层流转变为紊流过程中的流动参数。

(3) 通过逐渐关小阀门,测定由紊流转变为层流过程中的流动参数。

(4) 调节不同阀门开度,记录相应流量值。

(5) 掌握雷诺数的计算方法。

三、实验原理

实际流体会呈现出两种不同的流动状态:层流和紊流。它们的区别在于:流动过程中流体层之间是否发生掺混。紊流中存在随机变化的脉动量,而层流中则没有。

当流速较小时,分层且有规则的流动状态为层流。当流速增大到一定程度时,液体质点的运动轨迹是极不规则的,各部分流体互相剧烈掺混,此时的流动状态就是紊流。反之,如果实验时的流速由大变小,则上述观察到的流动现象以相反程序重演。雷诺用实验说明流动状态不仅和流速 v 有关,还和管径 d、流体的动力黏滞系数 μ、密度 ρ 有关。以上四个参数可组合成一个无因次数,叫作雷诺数,用 Re 表示:

$$Re = \frac{\rho v d}{\mu} = \frac{v d}{\nu} = \frac{Q d}{\frac{\pi d^2}{4} \nu} = \frac{4Q}{\pi d \nu}$$

式中:Q 为流体流量;ν 为流体的运动黏度系数。

对应于临界流速(用 v_{cr} 表示)的雷诺数称为临界雷诺数,用 Re_{cr} 表示:

$$Re_{cr} = \frac{v_{cr} d}{\nu}$$

圆管中恒定总流流动状态的判别条件取决于雷诺数。

四、实验步骤

（1）开启电源开关，使水箱注满水，有溢流，使得水位保持不变。

（2）逆时针旋转可打开出水阀门，然后切换到红墨水阀门视角。

（3）鼠标单击红墨水阀门，提示"红墨水已打开"，切换到出水阀门视角。

（4）逆时针旋转，缓慢开大出水阀门，依次呈现层流、颤动、紊流，记录相应开度的流量值，每个状态至少测量一次数据。

（5）当实验管中的流体流动状态为紊流时，缓慢关小出水阀门，依次呈现颤动、层流，记录相应开度的流量值，每个状态至少测量一次数据。

（6）实验结束后，学生根据平台记录的数据，补充结果分析，完成实验报告。

雷诺实验步骤如图 6-1-1 所示。

（a）打开电源开关

（b）打开出水阀门

（c）打开红墨水阀门

（d）调节出水阀门

（e）层流

（f）颤动

图 6-1-1　雷诺实验步骤

（g）紊流

（h）记录实验数据

续图 6-1-1

第二节　伯努利方程实验

一、实验目的

观察恒定总流条件下,通过管道水流的位置势能、压强势能和动能的沿程转化规律,理解伯努利方程的物理及几何意义;学习使用测压管、总压管测水头的实验技能;验证伯努利方程。

二、实验内容

（1）掌握由毕托管测定截面平均流速的方法。
（2）分析管径变化对水流静压、总压变化的影响。
（3）分析高程变化对水流静压、总压变化的影响。
（4）通过调节阀门开度,探求流速或流量变化对水流静压、总压变化的影响。
（5）恒定总流条件下,分析理想流体总水头的变化特征。
（6）考察均匀流、渐变流在水流特征及截面压强分布规律方面的共同点,明确恒定总流伯努利方程的运用条件。

三、实验原理

1. 伯努利方程

对于恒定总流的任意截面,有伯努利方程:

$$z + \frac{p}{\gamma} + \frac{v^2}{2g} = 常数$$

式中各项值都是截面值,它们的物理意义、水头名称和能量解释分述如下。
（1）z 是截面相对于选定基准面的高度,称为位置水头,表示单位重量的位置势能。

（2）$\dfrac{p}{\gamma}$ 是截面压强作用使流体沿测压管所能上升的高度，称为压强水头，表示单位重量的压强势能。

（3）$\dfrac{v^2}{2g}$ 是以截面平均流速 v 为初速的铅直上升射流所能达到的理论高度，称为流速水头，表示单位重量的动能。

2. 毕托管测速

伯努利方程实验管上的六组测压管的任意一组都相当于一个毕托管，可测得管内的流体速度。由于本实验台将总测压管置于伯努利方程实验管的轴线上，因此，测得的动压头代表了轴心处的最大流速。毕托管求测点速度的公式为

$$u_{\max} = \sqrt{2g\Delta H}$$

式中：$u_{\max}$ 为毕托管测点处的流速；ΔH 为毕托管总水头与测压管水头之差。

四、实验步骤

（1）开启电源开关，使水箱注满水，有溢流，直至液面稳定在 600 mm，可以看到 12 根测压管的液面连线是一条水平线。

（2）逆时针旋转可打开出水阀门，调整流量为 0.0001～0.0006 m³/s，观察实验现象并记录实验数据。

（3）继续开大出水阀门，调整流量为 0.0007～0.0012 m³/s，观察实验现象并记录实验数据。

（4）第三次调节流量，使其为 0.0012～0.0018 m³/s，观察实验现象并记录实验数据。

伯努利方程实验步骤如图 6-2-1 所示。

（a）打开注水开关　　　　　　　　　（b）第一次调节流量

图 6-2-1　伯努利方程实验步骤

（c）第二次调节流量　　　　　　　　　（d）第三次调节流量

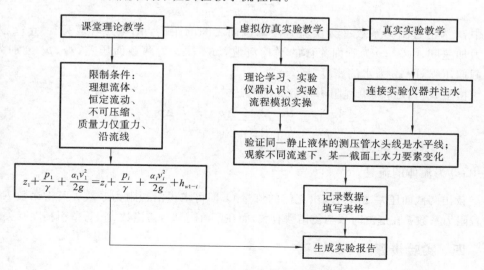

（e）记录实验数据　　　　　　　　　　（f）实验完成

续图 6-2-1

五、教学流程

本实验采用课堂理论教学、虚拟仿真实验教学、真实实验教学相结合的教学模式。图 6-2-2 所示为伯努利方程实验教学流程图。

```
课堂理论教学 ──→ 虚拟仿真实验教学 ──→ 真实实验教学
     │                  │                    │
     ↓                  ↓                    ↓
  限制条件：        理论学习、实验        连接实验仪器并注水
  理想流体、        仪器认识、实验
  恒定流动、        流程模拟实操
  不可压缩、             │
  质量力仅重力、         ↓
  沿流线          验证同一静止液体的测压管水头线是水平线；
     │           观察不同流速下，某一截面上水力要素变化
     ↓                  │
                        ↓
                   记录数据，
                   填写表格
     │                  │
     │                  ↓
     └─────────→  生成实验报告
```

$$z_1 + \frac{p_1}{\gamma} + \frac{\alpha_1 v_1^2}{2g} = z_i + \frac{p_i}{\gamma} + \frac{\alpha_i v_i^2}{2g} + h_{w1-i}$$

图 6-2-2　伯努利方程实验教学流程图

第三节　直管沿程阻力系数测定实验

一、实验目的

(1) 验证圆管层流和紊流的沿程损失随平均流速变化的规律。

(2) 掌握管流沿程阻力系数的量测技术和应用压差计的方法。

(3) 将测得的 Re-λ 关系图与穆迪图进行对比,提高实验成果分析能力。

二、实验内容

(1) 由压差计测量直管沿程损失的方法。

(2) 管流沿程阻力系数的实验测定、计算方法。

(3) 多种管道条件下,管流沿程阻力系数的量测与比较。共计 3 种管道类型可供选择,包括有机玻璃管(内径为 8 mm、15 mm)和铸铁管(内径为 15 mm)。

(4) 管道材料不变时,管径变化对沿程阻力系数的影响分析。

(5) 管径不变时,管道粗糙度对沿程阻力系数的影响分析。

三、实验原理

流体在管道中流动时,由于流体的黏性作用产生阻力,阻力表现为流体的能量损失。本实验所用的管路水平放置且等直径,当对两截面间列伯努利方程(不计局部损失)时,可以求得沿程水头损失:

$$h_{\mathrm{f}} = \lambda \frac{l}{d} \frac{v^2}{2g} = \frac{p_1}{\rho g} - \frac{p_2}{\rho g} = \frac{\Delta p}{\rho g}$$

式中:λ 为沿程阻力系数;l 为实验管段两截面之间的距离,m;d 为管道直径,m;g 为重力加速度,m/s^2;v 为管内流体的平均流速,m/s;Δp 为两截面压差;p_1、p_2 分别为两截面压强,Pa;ρ 为水的密度,kg/m^3。

由上式可以得到沿程阻力系数 λ 的表达式:

$$\lambda = \frac{d}{l} \frac{2g}{v^2} \frac{\Delta p}{\rho g} = \frac{d}{l} \frac{2g}{\left(\frac{4Q}{\pi d^2}\right)^2} \frac{\Delta p}{\rho g} = \frac{\pi^2 d^5}{8\rho l} \frac{\Delta p}{Q^2} = K \frac{\Delta p}{Q^2}$$

式中:Q 为流体的流量,m^3/s;$K = \dfrac{\pi^2 d^5}{8\rho l}$。

读出两截面压差 Δp,再测出流体的流量 Q,即可求得沿程阻力系数 λ 及雷诺数 Re。沿程阻力系数 λ 在层流时只与雷诺数有关,而在紊流时则与雷诺数 Re、管壁粗糙度有关。

四、实验步骤

(1) 选择管道,可选择的管道材料为有机玻璃管(内径为 8 mm、15 mm)和铸铁管(内径为 15 mm),即共有 3 种管道类型可选。

(2)用游标卡尺测量选择的管道内径。

(3)安装管道,用直尺测量实验管段长度 l。

(4)顺时针旋转进水阀门至最大。

(5)打开红墨水阀门,实验过程中,可同步观察管道呈现的流动特征。

(6)顺时针旋转出水阀门,每次改变流量时均需记录实验数据。

(7)管道流量增加,压差计读数随之增大。当超过压差计量程时,为保护实验仪器、保证数据精度,按提示更换压差计。

(8)关闭所有阀门,重新选择管道并重复上述步骤。

直管沿程阻力系数测定实验步骤如图 6-3-1 所示。

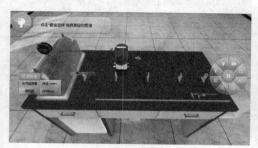
（a）选择测定的管道

（b）测量管道内径

（c）安装管道

（d）测量实验管段长度

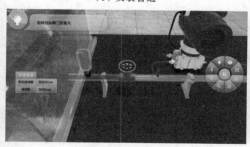
（e）旋转进水阀门至最大

（f）打开红墨水阀门

图 6-3-1　直管沿程阻力系数测定实验步骤

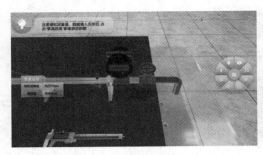 

（g）打开出水阀门　　　　　　　　　（h）更换压差计

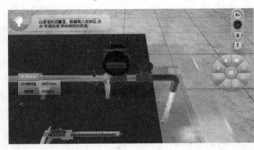 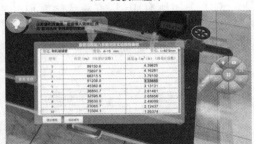

（i）继续实验　　　　　　　　　（j）记录实验数据

续图 6-3-1

第四节　直管局部阻力系数测定实验

一、实验目的

（1）掌握测量局部水头损失与局部阻力系数的方法。

（2）验证圆管突然扩大局部阻力系数和突然缩小局部阻力系数的经验公式。

（3）加深对局部水头损失机理的理解。

二、实验内容

（1）由压差计测量直管局部损失的方法。

（2）管流局部阻力系数的实验测定、计算方法。

（3）多种管道条件下，管流局部阻力系数的量测与比较。共计 6 种管道类型可供选择，包括突扩、突缩管（内径分别为 25 mm、30 mm、35 mm）和渐扩、渐缩管（内径分别为 25 mm、30 mm、35 mm）。

（4）不同内径的突扩、突缩管局部阻力系数的经验公式与实验数据的对比分析。

三、实验原理

1. 局部水头损失与局部阻力系数

由于边界形状的急剧改变,水流就会与边界分离,出现旋涡以及水流流速分布的改组,流速的大小、方向或分布发生变化,从而消耗一部分机械能,由此产生的流量损失称为管道流动的局部水头损失。边界形状的改变包括过流断面的突然扩大或突然缩小、逐渐扩大或逐渐缩小、弯道及管路上安装阀门等。局部水头损失常用流速水头与局部阻力系数的乘积表示:

$$h_m = \zeta \frac{v^2}{2g}$$

式中:ζ 为局部阻力系数(又称局部水头损失系数)。

突扩管的局部阻力系数的经验公式为

$$\zeta = \left(1 - \frac{A_1}{A_2}\right)^2 \tag{6-4-1}$$

式中:A_1、A_2 分别为小管和大管的过流断面面积。突扩管局部水头损失计算公式中 v 取小管断面平均流速。

突缩管的局部阻力系数的经验公式为

$$\zeta = 0.5\left(1 - \frac{A_2}{A_1}\right) \tag{6-4-2}$$

式中:A_1、A_2 分别为大管和小管的过流断面面积。突缩管局部水头损失计算公式中 v 取小管断面平均流速。

2. 局部阻力系数的测定方法(以 2 点法测定突扩管局部阻力系数为例)

突扩管在前后断面(分别为 1、2 断面)各布置一个测点,即 2 点法。该方法忽略了前后断面之间产生的沿程水头损失,会对结果有一定影响。

$$z_1 + \frac{p_1}{\gamma} + \frac{v_1^2}{2g} = z_2 + \frac{p_2}{\gamma} + \frac{v_2^2}{2g} + h_{m1-2} \tag{6-4-3}$$

$$h_{m1-2} = [(z_1 + p_1/\gamma) + v_1^2/(2g)] - [(z_2 + p_2/\gamma) + v_2^2/(2g)]$$

$$= \frac{\Delta p}{\gamma} + \frac{v_1^2}{2g} - \frac{v_2^2}{2g} \tag{6-4-4}$$

$$\zeta_{kuo} = h_{m1-2}/[v_1^2/(2g)]$$

除了 2 点法,普遍使用的还有 3 点法和 4 点法,后两种方法可将沿程水头损失的影响以长度折算进行考虑,因而实验的准确性有一定的提升。

四、实验步骤

(1)按照操作界面的提示,选择管道,可选择的管道类型为突扩、突缩管(内径分别为 25 mm、30 mm、35 mm)和渐扩、渐缩管(内径分别为 25 mm、30 mm、35 mm),即总共有 6 种管道类型可供选择,可先选择一种进行实验。

（2）顺时针旋转进水阀门至最大。

（3）顺时针旋转出水阀门，每次改变流量时均需记录实验数据。

（4）管道流量增加，压差计读数随之增大。当超过压差计量程时，为保护实验仪器、保证数据精度，按提示更换压差计。

（5）关闭所有阀门，重新选择管道并重复上述步骤。

直管局部阻力系数测定实验步骤如图 6-4-1 所示。

（a）选择测定的管道

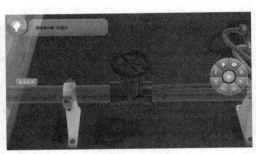
（b）旋转进水阀门至最大

（c）打开出水阀门

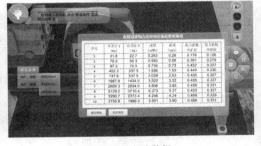
（d）记录实验数据

图 6-4-1　直管局部阻力系数测定实验步骤

第五节　动量方程实验

一、实验目的

（1）测定水射流对平板的冲击力，测得动量修正系数，进而验证不可压缩流体恒定总流的动量方程。

（2）了解活塞式动量方程实验原理，启发创造性思维。

二、实验内容

（1）以作用于活塞上的水压力计算射流对平板冲击所产生的冲击力。

（2）以恒定总流动量方程计算射流对平板冲击所产生的冲击力。

（3）计算水射流动量修正系数。

（4）若水射流动量修正系数不在要求范围内，分析原因，并给出排除故障的可行方法。

（5）分析不同挡板形状对水射流冲击力的影响。

三、实验原理

自循环供水器由离心式水泵和蓄水箱组合而成。水泵的开启、流量大小的调节均由调速器控制。水流经供水管供给恒压水箱，溢流水经回水管流回蓄水箱。流经管嘴的水流形成射流，冲击带活塞和翼片的抗冲平板，以与入射角成 90°的方向离开抗冲平板。抗冲平板在射流冲力和测压管中的水压力作用下处于平衡状态。活塞形心水深可由测压管测得，由此可求得射流的冲力，即动量力。冲击后的弃水经集水箱汇合后，再经上回水管流出，最后经漏斗和下回水管流回蓄水箱。

活塞式动量方程实验仪改变了传统加重物的测量方法，而以作用于活塞上的水压力来抗衡射流对平板冲击所产生的动量力，将动量力的测量转换为流体内点压强的测量。它还具有能使水压力自动与动量力相平衡以及有效消除活塞滑动摩擦力的特殊结构。为了自动调节测压管内的水位，以使平板受力平衡并减小摩擦阻力对活塞的影响，本实验装置应用了自动控制的反馈原理和动摩擦减阻技术。

活塞中心设有一细导水管，进口端位于平板中心，出口端伸出活塞头部，出口方向与轴向垂直。在平板上设有翼片，活塞套上设有窄槽。

恒定总流动量方程为

$$\sum \boldsymbol{F} = \rho Q(\beta_2 \boldsymbol{v}_2 - \beta_1 \boldsymbol{v}_1)$$

式中：$\sum \boldsymbol{F}$ 为控制体受到的合外力；ρ 为水的密度；Q 为射流流量；v_2、v_1 分别为流出、流入截面的水流速度；β_2、β_1 分别为流出、流入截面的动量修正系数。

取控制体，由滑动摩擦引起的水平分力可忽略不计，故 x 轴方向的动量方程可简化为

$$F_x = -p_c A = -\rho g h_c \frac{\pi}{4} D^2 = \rho Q(0 - \beta_1 v_{1x})$$

$$\beta_1 \rho Q v_{1x} - \frac{\pi}{4} \rho g h_c D^2 = 0$$

式中：F_x 为控制体在 x 轴方向受到的作用力；A 为活塞面积；h_c 为活塞形心处的水深；D 为活塞直径；v_{1x} 为射流速度；g 为重力加速度。

实验中，在平衡状态下，只要测得 Q 和 h_c，由给定的管嘴直径 d 和活塞直径 D，代入上式，便可验证动量方程，并可率定 β_1 值。其中，测压管的标尺零点已固定在活塞的圆心处，因此液面标尺读数为作用在活塞圆心处的水深。

四、实验步骤

（1）将实验仪器拖拽到实验台连接起来，准备进行实验。

（2）按照操作界面的提示，选择矩形挡板或圆形挡板，可先选择其中一种进行实验。

（3）单击传感器按钮，放置传感器。

（4）单击调节阀门，观察实验现象并记录实验数据。

（5）实验结束后，学生根据平台记录的数据，补充结果分析，完成实验报告。

动量方程实验步骤如图 6-5-1 所示。

（a）连接仪器

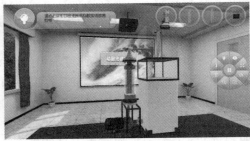

（b）选择挡板

（c）放置传感器

（d）调节阀门

（e）读取流量值

（f）记录实验数据

图 6-5-1　动量方程实验步骤

第六节　文丘里管流量实验

一、实验目的

（1）了解文丘里流量计的工作原理，掌握文丘里流量计的水力特性。
（2）观察文丘里流量计压强水头的沿程变化，加深对伯努利方程的理解。
（3）掌握文丘里流量计测定流量系数的方法，从而对文丘里流量计做出率定。

二、实验内容

（1）由气-水多管压差计显示的液面高度求得水头差 Δh 的原理和方法。
（2）文丘里流量修正系数的计算方法。
（3）结合计算流体力学（CFD）数值仿真，给出速度、压强的后处理结果。
（4）文丘里流量计压强水头的沿程变化特征。
（5）文丘里流量计中，理论流量和实际流量间存在差异性的原因及表现。

三、实验原理

文丘里管在工程中的应用十分广泛，是伯努利方程在实际生活中很重要的应用之一。假定流体为不可压缩理想流体并做定常流动，文丘里管内理想流体流动满足连续性方程和伯努利方程，即

$$v_1 \cdot \frac{\pi}{4} d_1^2 = v_2 \cdot \frac{\pi}{4} d_2^2 = Q'$$

$$z_1 + \frac{p_1}{\gamma} + \frac{v_1^2}{2g} = z_2 + \frac{p_2}{\gamma} + \frac{v_2^2}{2g}$$

式中：v 为断面平均流速；z 为位置水头；p 为动水压强；ρ 为流体密度；Q' 为流体理论流量。

可求得理论流量：

$$Q' = K \sqrt{\Delta h}$$

式中：Δh 为水头差；K 为文丘里流量计常数。

$$K = \frac{\pi}{4} d_1^2 \frac{\sqrt{2g}}{\sqrt{\left(\dfrac{d_1}{d_2}\right)^4 - 1}}$$

由于实际流体阻力及能量损失的存在，实际流量 Q 恒小于 Q'。引入无量纲系数 $\mu = \dfrac{Q}{Q'}$（μ 称为文丘里管流量修正系数），对理论流量 Q' 进行修正，通过实验测得实际流量 Q 及水头差 Δh，便可求得文丘里管流量修正系数：

$$\mu = \frac{Q}{Q'} = \frac{Q}{K \sqrt{\Delta h}}$$

四、实验步骤

（1）打开自循环系统开关。

（2）旋转左侧进水阀门至最大（最大流速为 1 m/s）。

（3）旋转右侧出水阀门至最大（最大流速为 1 m/s）。

（4）调节左侧进水阀门，使得流速为 $0.4 \sim 0.7$ m/s，并单击计算按钮，进行计算及结果展示。结果展示包括：速度云图、压力云图、压力变化趋势图。

文丘里管流量实验步骤如图 6-6-1 所示。

（a）打开自循环系统开关

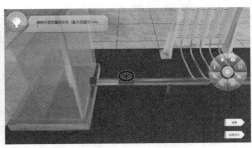
（b）旋转进水阀门至最大

（c）旋转出水阀门至最大

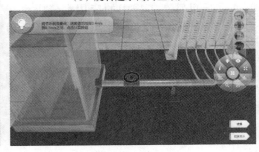
（d）调节进水阀门

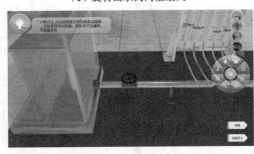
（e）进行计算

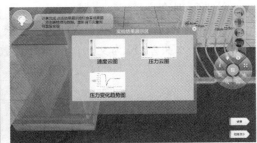
（f）结果展示

图 6-6-1　文丘里管流量实验步骤

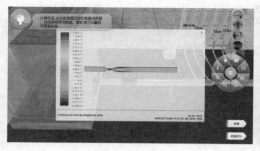

（g）速度云图　　　　　　　　　　　（h）压力云图

（i）压力变化趋势图　　　　　　　　（j）记录实验数据

续图 6-6-1

第七节　毕托管标定实验

一、实验目的

（1）通过对风速管的校测实验，掌握毕托管测速的基本原理，以及风速管的基本结构。

（2）了解校测工作的基本步骤、方法，掌握应用误差理论进行数据处理的方法。

（3）掌握毕托管标定的方法，从而对毕托管进行标定。

二、实验内容

本虚拟实验提供斜管微压计、低速回流风洞和钟罩式精密微压计的仪器学习，模拟了毕托管标定实验的完整实验流程。软件提供实验相关介绍、实验习题训练、设备认知、数据表格自动填写等功能，帮助学生预习和复习、巩固毕托管标定实验的相关知识，加深对实验的理解。

三、实验原理

根据理想不可压缩流体的伯努利方程,有

$$P_0 - P = \frac{1}{2}\rho V^2 \tag{6-7-1}$$

由此得到毕托管测速的理论公式,为

$$V = \sqrt{\frac{2(P_0 - P)}{\rho}} \tag{6-7-2}$$

通常引入标定系数 C,标定后的关系式如下:

$$(P_0 - P)C = \frac{1}{2}\rho V^2 \tag{6-7-3}$$

$$V = \sqrt{\frac{2(P_0 - P)}{\rho}C} = \sqrt{\frac{2\gamma\Delta H}{\rho}C} \tag{6-7-4}$$

式中:P_0 为驻点处的平均总压;P 为驻点处的静压;ρ 为流体密度;V 为流体速度;γ 为流体重度;ΔH 为微压计高差。

$$\gamma = \rho g \tag{6-7-5}$$

$$C = \frac{\rho V^2}{2\gamma\Delta H} \tag{6-7-6}$$

对毕托管进行标定时,将待标定的毕托管与 L 型标准皮托管(NPL 标准管)安装在风洞实验段的适当位置上(总的原则是让两管处于同一均匀气流区)。因为是均匀流,则有

$$C_{待标} = C_{标准}\frac{h_{待标}}{h_{标准}} = 0.998\frac{h_{待标}}{h_{标准}} \tag{6-7-7}$$

四、实验步骤

(1) 在首界面进行斜管微压计、低速回流风洞和钟罩式精密微压计仪器学习。

(2) 打开钟罩式精密微压计开关,调节斜管微压计至 0.4 处。

(3) 开启风洞开关。

(4) 调节左侧进水阀门,使得流速为 0.4～0.7 m/s,并单击计算按钮,进行计算及结果展示。结果展示包括:速度云图、压力云图、压力变化趋势图。

毕托管标定实验步骤如图 6-7-1 所示。

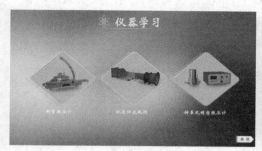

（a）仪器学习　　　　　　　　　　　（b）打开钟罩式精密微压计开关

（c）调节斜管微压计　　　　　　　　　　（d）开启风洞开关

（e）调节风机转速　　　　　　　　　　（f）记录实验数据

图 6-7-1　毕托管标定实验步骤

第八节　卡门涡街实验

一、实验目的

（1）通过多圆柱扰流仿真实验，了解多圆柱扰流速度场以及涡通量场的分布。

（2）了解多圆柱扰流科学问题来源，学会如何将实际问题抽象为可计算的流体力学问题。

（3）对比相同圆柱间距（上下左右间距）下，水流速度对圆柱周围流场的影响。

（4）对比相同水流速度下，圆柱间距（上下左右间距）对圆柱周围流场的影响。

二、实验内容

将实际问题简化为二维多圆柱扰流模型，借助 Fluent 流体仿真软件，探究不同圆柱间距、水流速度下，圆柱周围流场（速度场、涡通量场）分布，以帮助学生更好地理解实际问题，使学生更好地体会流体力学在生活中的应用。

三、实验原理

实验表明，黏性流体扰流圆柱时，由于脱体的释放规律，当雷诺数 Re 达到一定值时，在圆柱体后几乎是平行的两条直线上，产生一系列相隔固定间距的单涡。处于圆柱体同一侧的所有单涡沿同一方向旋转，分于两侧的涡的旋转方向彼此相反。在圆柱体下游出现的这种整齐的反对称排列的涡对称为卡门涡街。

四、实验步骤

（1）打开自循环系统开关，液体沿着导管进入恒温水箱中。

（2）旋转左侧进水阀门至最大（最大流速为 0.05 m/s）。

（3）液体充满后，旋转右侧出水阀门至最大（最大流速为 0.05 m/s）。

（4）待流速稳定后，调节左侧进水阀门，使得流速为 0.001～0.05 m/s，实验过程中单击主菜单中视角按钮，可以随时切换到实验局部观察实验过程，鼠标单击计算按钮后，单击结果展示按钮，查看实验结果。

卡门涡街实验步骤如图 6-8-1 所示。

 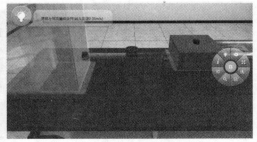

（a）打开自循环系统开关　　　　　　　　　（b）旋转进水阀门至最大

图 6-8-1　卡门涡街实验步骤

　　　　（c）旋转出水阀门至最大　　　　　　　　　（d）调节进水阀门

　　　　（e）视角切换示意　　　　　　　　　　　（f）结果展示

续图 6-8-1

第九节　高低温流体混合实验

一、实验目的

　　实验是科学研究的重要组成部分，是培养学生独立操作、发现问题、分析问题、开拓创新等各方面能力的重要环节。通过实验，学生可以更好地理解流体中的基本理论知识。通过实验，学生可以锻炼动手能力和端正严谨求实的科研态度，进行基本操作的训练，正确使用仪器；能掌握数据测定方法并会读取数据、处理数据；不仅能进行一些理论验证实验，还能进行综合应用和设计性实验。

二、实验内容

　　（1）认识实验仪器，了解虚拟实验操作方法。

　　（2）调节实验的冷热水流量值。

　　（3）观察显示屏处冷热水流量值并读出温度值。

　　（4）查看温度云图以及速度矢量图。

　　（5）记录相应实验数据。

三、实验原理

高低温流体的混合是依据流体力学的基本原理——连续性方程、伯努利方程以及对流换热实现的。

连续性方程的基本公式为

$$Q = A_1 v_1 = A_2 v_2 = 常数$$

伯努利方程为

$$z + \frac{p}{\gamma} + \frac{v^2}{2g} = 常数$$

热对流实现了混合过程中的热量交换。热对流是指温度不同的各流体微团发生宏观相对位移时引起的能量传递过程。它依靠流体的运动进行热量传递，因此只能发生在流动的流体中。

四、实验步骤

（1）按照操作界面的提示，打开实验台的电源开关，开关由红色变为绿色。

（2）在冷热水通道的控制阀处选择要进行实验的冷热水流量值，在显示屏处显示选出的冷热水流量值。

（3）在显示屏处实时读取出口的温度值。

（4）通过查看流域不同截面处的温度云图以及速度矢量图，明确流域中冷热水的混合过程。

（5）在实验记录表中实时记录实验数据，比较、分析在不同的冷热水流量下出口的温度。

（6）实验结束后，学生根据平台记录的数据，补充结果分析，完成实验报告。

高低温流体混合实验步骤如图 6-9-1 所示。

（a）打开自循环系统开关　　　　　　　　　　（b）调节冷热水阀门

图 6-9-1　高低温流体混合实验步骤

（c）迭代计算过程 　　　　　　　　（d）获取计算数据

（e）迹线图 　　　　　　　　　　（f）结果展示

续图 6-9-1

第十节　风　洞　实　验

一、实验目的

（1）了解低速风洞的基本结构，熟悉风洞实验的基本原理。

（2）熟悉测定物体表面压强分布的方法。

（3）测定翼型的压力分布并计算其升力系数，掌握获得机翼气动特性曲线的实验方法。

二、实验内容

（1）认识实验仪器，了解虚拟实验操作方法。

（2）根据不同的测量目的，选择相应的操作方式。

（3）测定不同薄片类型。

三、实验原理

飞机在静止空气中飞行受到的空气动力，与飞机静止不动、空气以同样的速度反方向吹来受到的空气动力作用是一样的。但飞机迎风面积比较大,如机翼翼展从几米到几十米不等,使气流以相当于飞行的速度吹过,其动力消耗巨大。根据相似性原理,可以将飞机做成小尺度模型,气流速度在一定范围内也可以低于飞行速度,利用实验结果可以推算出真实飞行时作用于飞机的空气动力。

四、实验步骤

(1)选择薄片类型(有不锈钢薄片和铝合金薄片两种),选择一种进行实验,并测量尺寸。

(2)用剪刀剪取反光片,并将其粘贴在试样上。

(3)安装带反光片的薄片,并以螺丝拧紧、固定。

(4)打开计算机,预热后调节激光头。

(5)打开"主回路合",预热完毕,单击风机启动按钮,并将调节按钮调至手动调速。

(6)调节风速,观察时间历程曲线变化。

(7)实验结束后,学生根据平台记录的数据,补充结果分析,完成实验报告。

风洞实验步骤如图 6-10-1 所示。

(a)选择薄片类型

(b)测量薄片

(c)剪取反光片

(d)粘贴反光片

图 6-10-1　风洞实验步骤

（e）固定试样　　　　　　　　　　　（f）安装薄片

（g）打开计算机　　　　　　　　　　（h）调节激光头

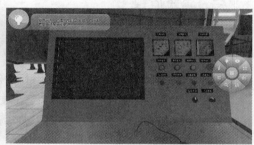

（i）打开"主回路合"　　　　　　　　（j）启动风机

（k）调节风速　　　　　　　　　　　（l）记录实验数据

续图 6-10-1

第七章 理论力学虚拟仿真实验

第一节 摩擦力实验

一、实验目的

（1）通过改变斜面倾角，测量不同材料的静摩擦系数。
（2）通过测量滑块的平均加速度，测量动摩擦系数。

二、实验内容

（1）选择不同材质，通过改变斜面倾角，测量不同材料的静摩擦系数。
（2）通过测量滑块的平均加速度，测量动摩擦系数。

三、实验原理

1. 斜面倾角的调节

斜面初始状态为水平放置，逐渐增大斜面倾角，直至滑块即将滑动，利用角度传感器和显示仪显示斜面倾角，从而通过倾角的正切值得到静摩擦系数。

将斜面调到合适状态，利用角度传感器和显示仪显示斜面倾角，再利用光电传感器和数字显示器测量木块通过光电门的时间，从而测得加速度，进一步求出动摩擦系数。

2. 倾角的显示

通过角度传感器和显示仪即时反映斜面（滑道）倾角的变化。当逐渐增大斜面倾角时，角度传感器将测得数据传送到数字显示器，即可反映出斜面倾角，显示精度为0.01°。在使用本实验装置前，须将工作台做水平调整，以免引起斜面倾角的累计误差。计时通过光电门和数字显示器来实现。

四、实验步骤

1. 静摩擦系数实验

（1）双击选择滑道的材质，然后将滑块放置在滑道上。
（2）调节滑道倾角，直至滑块在滑道上向下将滑未滑时，记下此时的斜面倾角，即滑块的摩擦角。
（3）将所测得的倾角代入静摩擦系数公式，即可得到所测两物体间的静摩擦系数。

2. 动摩擦系数实验

（1）在滑块上安装遮光条，调整好斜面倾角并记录，注意此时的斜面倾角要大于摩擦角。

（2）放置好光电门，注意遮光条应该正好能从光电门支架中穿过；记录光电门间的距离。

（3）打开电源，将滑块放置在滑道上开始实验，分别记录遮光条通过光电门时的读数，进行计算。

摩擦力实验步骤如图 7-1-1 所示。

（a）选择测试材质

（b）调节滑道高度

（c）安装光电门和遮光条

（d）实验测量结果

图 7-1-1　摩擦力实验步骤

第二节　刚体碰撞实验

一、实验目的

（1）了解碰撞原理。

（2）理解碰撞时的动量守恒。

（3）验证机械能的转化和守恒定律。

二、实验内容

（1）了解实验仪器、虚拟实验操作方法。

（2）测定不同材质的钢球碰撞时的恢复系数 e。

三、实验原理

1. 恢复系数 e 的测定

测定钢球的恢复系数时，需要将碰撞块 A 上表面的外法线的方向调至垂直向上的方向，即方向余弦向量为 $[0,0,1]^T$。钢球开始自由下落时的位置已知，通过立柱上刻度尺可以测量钢球碰撞后的反弹高度，从而可以计算出碰撞时的恢复系数。

设初始高度为 h_0，碰撞前速度为 v_1，V_i 表示第 i 次碰撞后钢球的质心速度，碰撞后钢球反弹的最高位置为 h_{max}，则

$$v_1 = \sqrt{2gh_0}, \quad V_1 = -\sqrt{2gh_{max}} \tag{7-2-1}$$

恢复系数的定义为

$$e = -\frac{V_1 - V_A}{v_1 - v_A}$$

碰撞块 A 在碰撞前和碰撞后速度均为 0，可得

$$e = \sqrt{\frac{h_{max}}{h_0}} \tag{7-2-2}$$

测出的 h_{max} 便可以由式（7-2-2）计算出恢复系数 e。

2. 碰撞过程分析

钢球与碰撞块 A 发生碰撞前：在 OYZ 坐标系中，钢球质心速度为 $[0 \quad -v_1]^T$。由坐标转换公式，在 ont 坐标系中，钢球质心速度为

$$\begin{bmatrix} v_{1t} \\ v_{1n} \end{bmatrix} = \begin{bmatrix} \cos\alpha & -\sin\alpha \\ \sin\alpha & \cos\alpha \end{bmatrix} \begin{bmatrix} 0 \\ -v_1 \end{bmatrix} = \begin{bmatrix} v_1\sin\alpha \\ -v_1\cos\alpha \end{bmatrix} \tag{7-2-3}$$

钢球与碰撞块 A 发生碰撞后，在 ont 坐标系中，钢球质心速度为

$$V_{1n} = -ev_{1n} \tag{7-2-4}$$

式（7-2-4）中出现负号的原因是速度的方向发生变化。此时，恢复系数已知，但是切向速度分量仍为未知量。

$$\begin{bmatrix} V_{1t} \\ V_{1n} \end{bmatrix} = \begin{bmatrix} V_{1t} \\ ev_1\cos\alpha \end{bmatrix} \tag{7-2-5}$$

由坐标转换公式，在 ont 坐标系中，钢球质心速度为

$$\begin{bmatrix} V_{1y} \\ V_{1z} \end{bmatrix} = [A]^{-1} \begin{bmatrix} V_{1t} \\ V_{1n} \end{bmatrix} = \begin{bmatrix} \cos\alpha & \sin\alpha \\ -\sin\alpha & \cos\alpha \end{bmatrix} \begin{bmatrix} V_{1t} \\ V_{1n} \end{bmatrix} \tag{7-2-6}$$

碰撞后，钢球在 OYZ 平面内做斜抛运动，其运动轨迹为抛物线。
Y 轴方向的轨迹方程为

$$y = V_{1y}t \tag{7-2-7}$$

Z 轴方向的轨迹方程为

$$z = a + V_{1z}t - \frac{1}{2}gt^2 \qquad (7\text{-}2\text{-}8)$$

运动轨迹方程为

$$z = a + y\frac{V_{1z}}{V_{1y}} - \frac{g}{2}\frac{1}{V_{1y}^2}y^2 \qquad (7\text{-}2\text{-}9)$$

在实验中,测出参数,代入式(7-2-9)中并化简,得

$$aV_{1y}^2 + bV_{1y}V_{1z} - 0.5gb^2 = 0 \qquad (7\text{-}2\text{-}10)$$

四、实验步骤

(1) 根据界面上方的操作提示及高亮提示,选取游标卡尺,测量铁球直径。

(2) 鼠标将已测量钢球放在支座上,根据界面上方的操作提示及高亮提示调节三心同线。

(3) 根据操作提示,单击打开磁铁开关,调节摆线长度、立柱位置、衔铁高度,使钢球吸附在磁铁上时线拉直。

(4) 实验结束后平台会根据实验内容中记录的数据生成实验报告。

刚体碰撞虚拟实验步骤如图 7-2-1 所示。

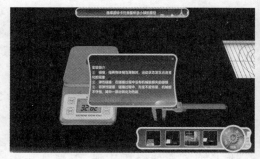

（a）开始实验

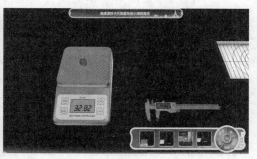

（b）称量钢球质量

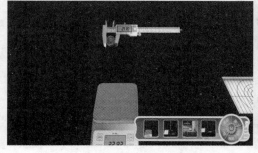

（c）测量钢球直径

（d）调节三心同线

图 7-2-1　刚体碰撞虚拟实验步骤

（e）打开磁铁　　　　　　　　　　（f）记录实验数据

续图 7-2-1

第三节　单摆实验

一、实验目的

（1）利用单摆实验测量重力加速度。
（2）巩固和加深对单摆周期公式的理解。

二、实验内容

（1）了解实验仪器、虚拟实验操作方法。
（2）测量重力加速度。
（3）了解单摆周期公式。

三、实验原理

一根长度不变的轻质小绳，下端悬挂一个小球。当细线质量比小球的质量小很多，而且小球的直径又比细线的长度小很多时，这种装置称为单摆，如图 7-3-1 所示。如果把小球稍微拉开一定距离，小球在重力作用下可在铅直平面内做往复运动，一个完整的往复运动所用的时间称为一个周期。当单摆的摆角很小（$\theta < 5°$）时，可以证明单摆的周期 T 为

图 7-3-1　单摆原理

$$T = 2\pi\sqrt{\frac{L}{g}} \qquad (7\text{-}3\text{-}1)$$

$$g = 4\pi^2 \frac{L}{T^2} \tag{7-3-2}$$

式中：L 为单摆长度，是指上端悬挂点到球心之间的距离；g 为重力加速度。如果测量出周期 T、单摆长度 L，即可计算出当地的重力加速度 g。

四、实验步骤

（1）按照操作界面的提示，用游标卡尺测量小球直径，并填入表格。

（2）将被测量的物体铰接在摆线上，而后单击米尺将其放置在摆线一侧，调节旋钮至合适位置并观察实验数据。

（3）在 $\theta < 5°$ 范围内拖拽小球后，用秒表计时，并填写表格。

（4）再在 $\theta < 5°$ 范围内拖拽小球，开始测量并填写表格，秒表从平衡位置开始计时，当时间大于 $60\ \mathrm{s}$ 时随机按停秒表，重复操作三次，观察实验结果，记录数据。

（5）换上乒乓球重复步骤（1）和步骤（2），并按步骤（3）操作三次，观察实验结果，记录数据。

单摆实验步骤如图 7-3-2 所示。

（a）测量小球直径

（b）测量摆线长度

（c）拖拽小球

（d）记录秒表时间

图 7-3-2 单摆实验步骤

五、教学流程

本实验采用课堂理论教学、虚拟仿真实验教学、真实实验教学相结合的教学模式。图 7-3-3 所示为单摆实验教学流程图。

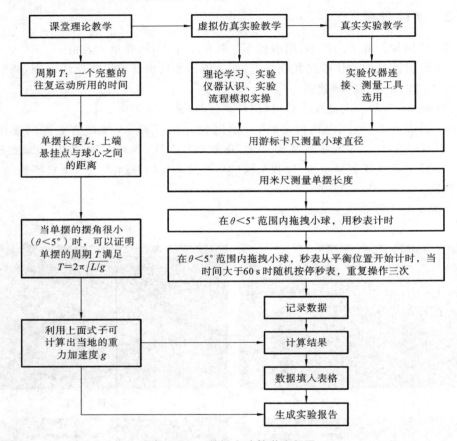

图 7-3-3　单摆实验教学流程图

第四节　简支梁结构模态分析实验

一、实验目的

(1) 学习并掌握简支梁结构模态参数测试与分析方法。

(2) 掌握环境激励下进行模态参数识别的原理和方法。

二、实验内容

（1）对简支梁设置采样点数，进行敲击采样。

（2）确定调入的波形，利用计算机，选择波形的左右边，依次选择传递函数、模态分析、模态拟合和振型编辑，并得到相应的数据和曲线图。

（3）观察各阶段模态的模型动画。

三、实验原理

结构模态参数测量主要有三种方法：经典模态分析、运行模态分析和运行变形振型分析。

1. 经典模态分析

经典模态分析也称实验模态分析，它是通过施加一个激振力，激起结构振动，测量结构响应及激振力之间的频率响应函数，来寻求结构模态参数。因此，实验模态分析方法也称测力法模态分析。在测量频率响应函数时，可采用力锤和激振器两种激励方式。力锤激励方式简单易行，特别适合现场测试，一般支持快速的多参考技术和小的各向同性结构。由于力锤移动方便，在这种激励方式下，一般采用的是多点激励、单点响应的方法，即测量的是频率响应函数矩阵中的一行。激振器激励时，由于激振器安装比较困难，多采用单点激励、多点响应的方法，即测量的是频率响应函数矩阵中的一列。这种激励方式可使用多种激励信号，且激振能量较大，适用于大型或复杂结构。

2. 运行模态分析

与经典模态分析相比，运行模态分析不需要输入力，只通过测量响应来决定结构的模态参数，因此，这种分析方法也称为不测力法模态分析。其优点在于无须激励设备，测试时不干扰结构的正常工作，且测试的响应代表了结构的真实工作环境，测试成本低，方便和快速。测量能够一次完成（快速，数据一致性好）或多次完成（受限于传感器的数量），若一次测量（一个数据组）时，不需要参考传感器。而多次测量（多个数据组）时，对所有的数据组，需要一个或多个固定的加速度传感器作为参考。

3. 运行变形振型分析

在运行变形振型分析中，测量并显示结构在稳态、准稳态或瞬态运行状态过程中的振动模式。引起振动的因素包括转速、压力、温度等。

四、实验步骤

（1）结构：打开数据面板，查看当前结构信息。

（2）采样：确认测点，用锤子敲击各个测点，触发采样。

（3）分析。

① 确认调入波形：波形选择左边或右边，并根据选择各进行一次下列操作。

② 进行传递函数计算。

③ 开始模态定阶。

④ 自动计算全部传递函数。

⑤ 开始模态拟合和振型编辑。

（4）利用电脑得到各阶段演示动画。

简支梁结构模态分析实验步骤如图 7-4-1 所示。

（a）实验场景

（b）单击设置面板查看实验简介

（c）结构信息

（d）触发采样

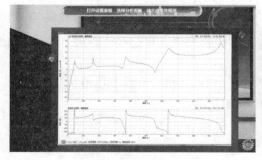
（e）实验现象曲线图

（f）实验现象云图变化曲线

图 7-4-1　简支梁结构模态分析实验步骤

第五节　质心与转动惯量测量实验

一、实验目的

（1）学会使用三线摆（IM-1 新型转动惯量测定仪）。

（2）了解并掌握霍尔开关的原理。

二、实验内容

（1）掌握转动惯量的多种测量方法。

（2）用称重法测定汽车连杆的质心。

（3）用复摆法测定连杆转动惯量，并利用平行轴定理计算连杆对质心的转动惯量。

（4）对用两种方法测量连杆对质心的转动惯量的结果进行分析比较。

三、实验原理

（1）利用静力学平衡条件测定连杆质心（公式自行推导）。

（2）三线摆测定转动惯量所依据的理论公式如下。

悬盘对质心的转动惯量 J_0 为

$$J_0 = \frac{mgr^2 T_0^2}{4\pi^2 l} \tag{7-5-1}$$

式中：m 为悬盘质量；r 为悬盘的半径；T_0 为悬盘的摆动周期；l 为悬盘悬吊长度。

被测物与悬盘对质心的总转动惯量 J 为

$$J = \frac{mgr^2 T^2}{4\pi^2 l} \tag{7-5-2}$$

式中：m 为悬盘质量；T 为被测物与悬盘的摆动周期。

利用平行轴定理可获得刚体对平行于质心轴的任意轴的转动惯量。

三线摆示意图如图 7-5-1 所示，均质悬盘质量为 m，半径为 R。三线摆的悬吊半径为 r。当均质悬盘做扭转角小于 $6°$ 的微振动时，有

$$r\theta = l\psi \tag{7-5-3}$$

系统最大动能为

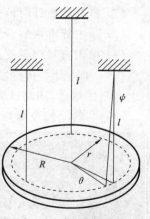

图 7-5-1　三线摆示意图

$$E_{K,max} = \frac{1}{2} J_0 \dot{\theta}_{max}^2 = \frac{1}{2} J_0 \omega^2 \theta_0^2 \tag{7-5-4}$$

系统最大势能为

$$E_{\mathrm{P,max}} = mgl(1-\cos\psi_0) = \frac{1}{2}mgl\psi_0^2 = \frac{1}{2}mg\frac{r^2}{l}\theta_0^2 \qquad (7\text{-}5\text{-}5)$$

式中：θ_0 为悬盘的扭转振幅；ψ_0 是摆线的扭转振幅。

对于保守系统，机械能守恒，即 $E_{\mathrm{K}} = E_{\mathrm{P}}$，简化得

$$\omega^2 = \frac{mgr^2}{J_0 l} \qquad (7\text{-}5\text{-}6)$$

由于 $T = \dfrac{2\pi}{\omega}$，因此悬盘的转动惯量为 $J_0 = \left(\dfrac{T}{2\pi}\right)^2\dfrac{mgr^2}{l}$，可见，可通过周期 T 计算悬盘的转动惯量。

四、实验步骤

（1）鼠标单击电子天平电源启动按钮，去皮。

（2）单击实验台上闪动按钮，将连杆放到电子天平上称重。

（3）三棱尺、水平仪调平：单击水平仪将其放置在两个三棱尺上进行调平。

（4）鼠标单击实验台上直尺，来测量连杆长度并填入数据表格中；同时将天平测得的连杆重量填入表格。

（5）按照操作提示，鼠标单击悬盘，放置电子秤测量悬盘质量，并将数据填至表格中。单击直尺测量悬盘的直径。

（6）单击悬盘搭建三线摆装置。用螺母调整悬盘水平，并用水平尺测量悬盘保证水平。单击卷尺测量三根摆线的长度；用直尺测量转动轴与悬挂点间的距离。

（7）打开计数计时器开关，三线摆旋转，记录时间，计算悬盘的转动惯量。

（8）单击标准块放置悬盘中，单击连杆放置悬盘中，将测得的数据填入表格中。

（9）单击直尺测量连杆质心与悬挂点间的距离，然后将连杆悬挂起来。

（10）单击计数传感器放置在合适位置，然后左右拖曳连杆到某一角度（0°～90°）使之做复摆运动，同时计数。并据此计算悬盘绕质心的转动惯量。

质心与转动惯量测量实验步骤如图 7-5-2 所示。

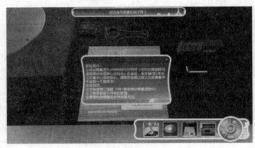

　　　　（a）查看实验简介　　　　　　　　　　　　　（b）去皮

图 7-5-2　质心与转动惯量测量实验步骤

（c）测量连杆重量

（d）调节水平仪

（e）测量连杆尺寸

（f）测量悬盘质量

（g）测量实验仪摆线长度

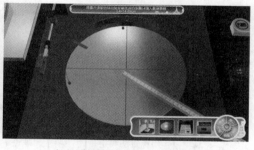

（h）测量转动轴到悬挂点的距离

（i）连接三线悬盘

（j）测量悬盘转动惯量时计时器时间

续图 7-5-2

（k）测量悬盘加标准件的转动惯量

（l）测量悬盘加连杆的转动惯量

（m）测量连杆质心至悬挂点的距离

（n）连杆做复摆运动

续图 7-5-2

五、教学流程

本实验采用课堂理论教学、虚拟仿真实验教学、真实实验教学相结合的教学模式。图 7-5-3 所示为质心与转动惯量测量实验教学流程图。

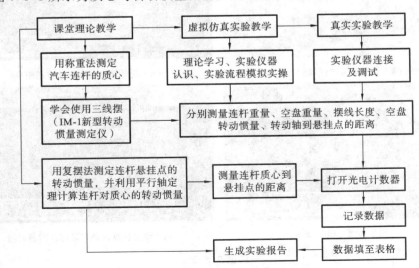

图 7-5-3　质心与转动惯量测量实验教学流程图

第六节 自由振动实验

一、实验目的

通过虚拟实验了解产生自由振动的条件,并进行自由振动相关特性的测试与模拟。

二、实验内容

(1) 了解激振器、加速度传感器、电荷放大器的工作原理。
(2) 熟悉并掌握激振器、加速度传感器、电荷放大器的使用方法。
(3) 了解机械振动与振动控制实验装置的组成以及安装、调试方法。
(4) 熟悉并掌握振动测试系统的组成。
(5) 熟悉配套激振仪器与测振仪器的操作和使用方法。

三、实验原理

1. 单自由度线性系统的自由振动

由一个质量块及弹簧组成的系统在受到初干扰(初位移或初速度)后,仅在系统的恢复力作用下在其平衡位置附近所做的振动称为自由振动。

2. 单自由度线性系统的强迫振动

在随时间周期性变化的外力作用下,系统所做的持续振动称为强迫振动,该外力称为干扰力。其振动微分方程为

$$m\ddot{x} + 2n\dot{x} + \omega_n^2 x = h\sin\omega t \text{(有阻尼)} \tag{7-6-1}$$

式中:m 为振动质量;$2n = r/m$,r 为阻尼系数;$\omega_n^2 = \sqrt{k/m}$,为系统固有频率,其中,k 为等效刚度系数。

该方程全解为

$$x = Ae^{-nt}\sin(\sqrt{\omega_n^2 - n^2 t} + \alpha) + B\sin(\omega - \varepsilon) \tag{7-6-2}$$

式中:A、B 均为振幅;α 为初相位;ε 为相位差。

强迫振动的振幅 B 可以表示为

$$B = \frac{B_0}{\sqrt{\left[1 - \left(\dfrac{\omega}{\omega_n}\right)^2\right]^2 + 4\left(\dfrac{n}{\omega_n}\right)^2\left(\dfrac{\omega}{\omega_n}\right)^2}} \tag{7-6-3}$$

式中:$B_0 = \dfrac{h}{\omega_n^2} = \dfrac{H}{k}$,称为静力偏移,当驱动力频率趋于 0 时,相当于没有驱动力,也就

是自由振动,这时的振动频率就是物体的固有频率,振幅就是静力偏移。

3. 自激振动的基本特性

自激振动是一种比较特殊的现象。它不同于强迫振动,因为其没有固定周期性交变的能量输入,而且自激振动的频率基本取决于系统的固有特性。它也不同于自由振动,因为它并不随时间而衰减。系统振动时,维持振动的能量不像自由振动时一次输入,而是像强迫振动那样持续输入。但这一能源并不像强迫振动时通过周期性的作用对系统输入能量,而是对系统产生一个持续的作用,这个非周期性作用只有通过系统本身的振动才能变为周期性的作用,能量才能不断输入振动系统,从而维持系统的自激振动。因此,它与强迫振动的一个重要区别在于系统没有初始运动就不会引起自激振动,而强迫振动则不然。

四、实验步骤

(1)鼠标单击左侧第一个按钮,开始进行静刚度与标定系数测量实验。

(2)将砝码挂钩通过悬线悬挂到横梁的中点上;将数显式千分计竖直安装到横梁的中点处。

(3)打开振动教学系统软件;单击采集参数,选择随机采样。

(4)逐块加载砝码,观察加载后的曲线变化,学习静刚度测试实验的测试原理。

(5)鼠标单击左侧第二个按钮,选择固有频率和阻尼比的测定。

(6)鼠标单击左侧第三个按钮,进行等效质量测定。

(7)鼠标单击左侧第四个按钮,进行阻尼对振动衰减的影响测定,并将数据录入表格。

自由振动实验步骤如图 7-6-1 所示。

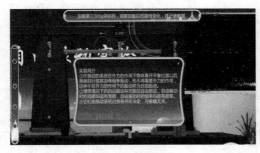　

（a）查看实验简介　　　　　　　　　　（b）启动静刚度及标定系数测量仪器

图 7-6-1　自由振动实验步骤

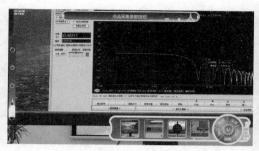

（c）采集参数

（d）逐块加载砝码

（e）测量固有频率及阻尼比

（f）填写频率阻尼比参数

（g）测量等效质量

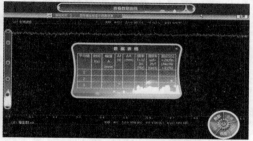

（h）记录实验数据

续图 7-6-1

第七节　转子动刚度和动反力实验

一、实验目的

通过虚拟仿真实验,掌握刚性转子动平衡的基本原理,即工作转速低于最低阶临界转速的转子称为刚性转子,反之称为柔性转子。刚性转子动平衡的目标是:使离心惯性力系的主向量和主矩的值同时趋近于零向量和零。

二、实验内容

（1）掌握刚性转子动平衡的基本原理。

（2）掌握虚拟基频检测仪和相关测试仪器的使用方法。

（3）了解动静法的工程应用。

三、实验原理

本实验基于 Socket 通信技术，涵盖理论学习、可视化仿真和实验结果分析等环节，可调用 Word 编辑器，并将测试数据等实验结果自动反馈到实验报告中，学生可将自动生成的实验报告上传至实验系统。

1. 转子系统

转子轴上固定有四个圆盘，两端用含油轴承支承。电动机通过橡胶软管拖动转轴，用调速器调节转速。最高工作转速为 4000 r/min，远低于转子-轴承系统的固有频率。

2. 光电变换器、电涡流位移计及计算机虚拟动平衡仪

与计算机虚拟动平衡仪相连的光电探头给出入射光和反射光。在转子任意一个圆盘的外缘贴上宽度约为 5 mm 的黑纸。调整探头方位使入射光束准确指向圆盘中心。当圆盘转动时，由于反射光的强弱发生变化，光电变换器产生对应黑带的电脉冲，计算机虚拟动平衡仪可测量转速和相位。电涡流位移计包括探头和前置器。探头前端有一扁形线圈，由前置器提供高频（2 MHz）电流。当它靠近金属导体测量对象时，后者表面产生感应电涡流。间隙改变，电涡流的强弱随之改变，线圈的供电电流也发生变化，从而在串联于线圈的电容上产生被调制的电压信号，此信号经过前置器的解调、检波、放大后，成为在一定范围内与间隙大小成比例的电压信号。本实验使用两个电涡流位移计，分别检测两个轴承座的水平振动位移。两路位移信号通过切换开关依次反馈给计算机虚拟动平衡仪，以光电变换器给出的电脉冲为参考，进行同频检测（滤除谐波干扰）和相位比较后，在计算机虚拟动平衡仪面板上显示出振动位移的幅值、相位及转速数据。

3. 动平衡计算软件

两平面影响系数法的核心是通过求解矢量方程计算平衡校正量，求解方程涉及复数的矩阵运算。本实验采用专用动平衡计算软件 Dynbalance。

4. 电子天平

电子天平用于测量平衡加重的质量。

四、实验步骤

（1）单击简介了解实验目的与原理，单击帮助了解实验原理。

（2）单击屏幕上闪光按钮将显示器开关打开。按操作提示连接虚拟测试仪器。

（3）打开转速控制器，单击软件执行按钮，观察曲线变化，并将数据填入表格。

（4）单击试重 m_1、m_2，测量试重并记录 m_1、m_2 的值（用天平测量，将其取在 10 g 至 15 g 之间）并将试重加在 I 平面（1 号圆盘）和 II 平面（4 号圆盘）上，任意选定方位及固定的相位角。

（5）启动实验仪器，观察数值，并记录相关数值。

（6）单击试重 m_1、m_2，将其互换位置，启动转子，观察对应数值变化，记录峰值和相位角，实验完成后填写数据表格。

转子动刚度和动反力实验步骤如图 7-7-1 所示。

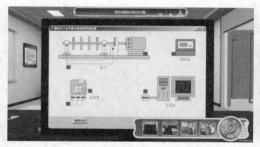

（a）连接仪器

（b）打开转速控制器

（c）记录实验信号

（d）称量试重 m_1、m_2

（e）将试重 m_1、m_2 增加至平面

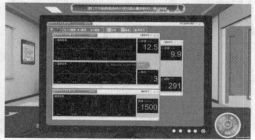

（f）观察互换位置后的数据并记录

图 7-7-1　转子动刚度和动反力实验步骤

第八节　科氏惯性力演示实验

一、实验目的

（1）理解点的合成运动的相关概念,研究科氏加速度产生的机理。
（2）理解惯性参考系与非惯性参考系的概念,研究科氏惯性力产生的机理。

二、实验内容

（1）认识实验仪器,学习虚拟实验的操作方法。
（2）利用仪器观察科氏惯性力在实验中的表现。
（3）掌握合成运动的有关概念。
（4）理解惯性参考系与非惯性参考系的概念。

三、实验原理

当动点相对动系运动,而动系又相对静系转动时,将会产生科氏加速度,这是相对运动与牵连运动相互影响的结果。

四、实验步骤

（1）按照操作界面的提示,连接虚拟测试仪器。
（2）打开仪器电源开关,准备进行实验。
（3）单击转速和方向按钮,调节实验中的转速和角度。
（4）观察实验现象,记录实验结果。
科氏惯性力演示实验步骤如图 7-8-1 所示。

 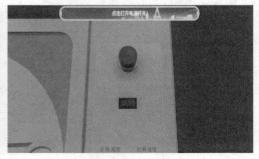

（a）连接虚拟测试仪器　　　　　　　　（b）打开电源开关

图 7-8-1　科氏惯性力演示实验步骤

（c）调节转速及方向　　　　　　　　　　　（d）观察实验现象

续图 7-8-1

第九节　四连杆机构演示实验

一、实验目的

（1）通过观察四杆机构的运动，了解各种四杆机构的基本结构、工作原理、特点、功能及应用。

（2）通过虚拟仿真实验，加强对机构与机器的感性认识。

二、实验内容

（1）认识实验仪器，学习虚拟实验操作方法。

（2）根据不同机构的构成条件调整参数，以得到相应的特定机构。

（3）连续调整参数的大小，持续观察机构的运动情况。

（4）掌握机构运动的特点，以及构成铰链四杆机构的杆长条件，并与已有知识进行对比，找出不足并改正。

三、实验原理

1. 平面四杆机构的基本知识

平面连杆机构是被广泛应用的机构之一，最基本的是四杆机构，通常分为以下三大类。

1）铰链四杆机构

（1）曲柄摇杆机构。

曲柄摇杆机构以最短杆相邻的杆作为机架，而最短杆能相对机架回转 360°，故成为曲柄。曲柄等速运转时,摇杆做变速摆动,在右面机构中摆杆向右面摆动慢,而向左面摆动快,这种现象称为急回特性。在左面机构中急回特性就不是很明显。

(2) 双曲柄机构。

当取机构中最短杆为机架时,这时与机架相连的两杆均成为曲柄,所以这种机构称为双曲柄机构。注意观察,当一个曲柄等速运转时,另一个曲柄在右半周内转动慢,在左半周内转动快。双曲柄机构也具有急回特性。

(3) 双摇杆机构。

双摇杆机构是指两连架杆均为摇杆的铰链四杆机构。机构中两摇杆可分别为主动件。当连杆与摇杆共线时,机构会有两个极限位置。双摇杆机构连杆上的转动副都是周转副,故连杆能相对于两连架杆做整周回转,但两连架杆都不能做整周转动。三个活动构件均做变速运动。该机构多应用于低速传动机构中。

2) 单移动副机构

平面四杆机构的第二类基本形式是带一个移动副的四杆机构,它是以一个移动副代替铰链四杆机构中的一个转动副演变得到的,简称单移动副机构。

3) 两个转动副均转化为移动副的双移动副机构

对于十字导杆和双导杆这类四杆机构,机构中均含有两个移动副,由于移动副相比转动副实际结构复杂、效率低和易发生卡死等原因,因此在工程中这种带双移动副的机构比较少。一般在设计时,往往优先选择全转动副铰链四杆机构和含有一个移动副的四杆机构。

2. 构成铰链四杆机构的杆长条件

(1) 平面四杆机构的最短杆和最长杆的长度之和小于或等于其余两杆长度之和。

(2) 在铰链四杆机构中,如果某个转动副能够成为周转副,则它所连接的两个构件中,必有一个为最短杆,并且四个构件的长度关系满足杆长之和条件。

(3) 在有整装副存在的铰链四杆机构中,最短杆两端的转动副均为周转副。此时,如果取最短杆为机架,则得到双曲柄机构;若取最短杆的任何一个相连杆为机架,则得到曲柄摇杆机构;如果取最短杆对面构件为机架,则得到双摇杆机构。

(4) 如果四杆机构不满足杆长条件,则不论选取哪个构件为机架,所得到的机构均为双摇杆机构。

四、实验步骤

1．界面因素

视角选择：在进行模拟实验时可以通过"W""A""S""D"来控制视角对于显示柜和四杆机构的方位，并且可以实现不同角度的相互切换。

参数/要素：列出相应的参数或要素，选择后进行相应操作。

操作提示：提示操作步骤及将要显示的效果。

2．实验内容

（1）实验界面由操作示意图和主菜单栏构成，单击介绍按钮了解实验内容。

（2）鼠标单击第一陈列柜，出现双曲柄机构，用鼠标调整结构参数，得到动态变化模型，观察结构变化情况。

（3）鼠标单击第二陈列柜，出现双摇杆机构，用鼠标调整结构参数，得到动态变化模型，观察结构变化情况。

（4）鼠标单击第三陈列柜，出现曲柄摇杆机构，用鼠标调整结构参数，得到动态变化模型，观察结构变化情况。

（5）根据动画演示情况，总结连杆长度对四杆机构的运动影响。

四连杆机构演示实验步骤如图 7-9-1 所示。

（a）实验界面展示

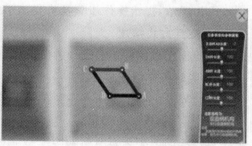
（b）双曲柄机构 1 调整展示

（c）双曲柄机构 2 调整展示

（d）曲柄摇杆机构调整展示

图 7-9-1　四连杆机构演示实验步骤

第十节　机构运动演示实验

一、实验目的

（1）加强对机械与机器的认识。

（2）通过实验直观了解机械结构的运动原理。

（3）了解各种机构的组成及应用情况。

二、实验内容

机构运动演示实验内容包括平面连杆机构的基本形式、凸轮机构的形成、齿轮机构的各种类型、齿轮的基本性质、轮系的基本形成、间歇运动机构和组合机构的运动特性等。

三、实验步骤

1. 界面元素

视角选择：不同角度可以相互切换。

参数/要素：列出相应的参数或要素，选择后进行相应操作。

操作提示：提示操作步骤及将要显示的效果。

2. 交互方式描述

实验操作以鼠标单击选择为主，包含放大、漫游等操作。

3. 实验具体需求描述

实验界面由操作提示与主菜单栏组成，鼠标单击简介按钮，了解实验内容。单击陈列柜中模型，观察运动模式。

机构运动演示实验对象如图 7-10-1 所示。

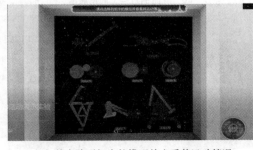

（a）单击陈列柜中的模型并查看其运动情况　　　　　　　（b）摄影升降机

图 7-10-1　机构运动演示实验对象

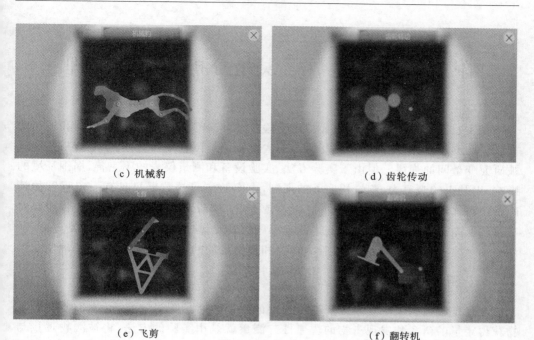

（c）机械豹　　　　　　　　　　　　　（d）齿轮传动

（e）飞剪　　　　　　　　　　　　　（f）翻转机

续图 7-10-1

附录 A   实验数据误差分析和数据处理

在实验研究工作中,一方面要拟定实验方案,选择具有一定精度的仪器和适当的方法进行测量;另一方面必须将所测得的大批数据加以整理归纳,科学地分析并寻求被研究变量间的规律。但由于实验方法、实验设备和测量仪表的不完善,周围环境的影响,以及人的观察力、测量程序等的限制,由实验测得的数据只具有一定程度的精确性。因此,为了评定实验数据的精确性或误差,认清误差的来源及其影响,需要对实验的误差进行分析和讨论,由此判定哪些因素是影响实验精确性的主要方面,从而进一步改进实验方案,缩小实验测量值和真值之间的差距,提高实验的精确性。

一、测量误差的基本概念

测量是人类认识事物本质所不可或缺的手段。通过测量和实验,人们能够对事物获得定量的概念和发现事物的规律性。测量就是用实验的方法,将被测物理量与所选用作为标准的同类量进行比较,从而确定它的大小。

1. 真值与平均值

真值是待测物理量客观存在的确定值,也称理论值或定义值。通常真值是无法测得的。若在实验中,测量的次数无限多时,根据误差的分布定律,正负误差的出现概率相等。再经过细致地消除系统误差,将测量值加以平均,可以获得非常接近于真值的数值。但是实际上实验测量的次数总是有限的。用有限测量值求得的平均值,只能是近似真值,或称为最佳值。一般我们称这一最佳值为平均值。常用的平均值有以下几种。

(1) 算术平均值   算术平均值是最常见的一种平均值。凡测量值的分布服从正态分布时,用最小二乘法原理可以证明:在一组等精度的测量中,算术平均值为最佳值或最可信赖值。

设 $x_1, x_2, \cdots, x_n$ 为各次测量值,n 代表测量次数,则算术平均值为

$$\bar{x} = \frac{x_1 + x_2 + \cdots + x_n}{n} = \frac{\sum\limits_{i=1}^{n} x_i}{n} \tag{A-1}$$

(2) 几何平均值   几何平均值是将一组 n 个测量值连乘并开 n 次方求得的平均值,即

$$\bar{x}_几 = \sqrt[n]{x_1 x_2 \cdots x_n} \tag{A-2}$$

(3) 均方根平均值:

$$\bar{x}_{均} = \sqrt{\frac{x_1^2 + x_2^2 + \cdots + x_n^2}{n}} = \sqrt{\frac{\sum_{i=1}^{n} x_i^2}{n}} \tag{A-3}$$

（4）对数平均值　设两个变量 x_1、x_2，其对数平均值为

$$\bar{x}_{对} = \frac{x_1 - x_2}{\ln x_1 - \ln x_2} = \frac{x_1 - x_2}{\ln \dfrac{x_1}{x_2}} \tag{A-4}$$

应指出，变量的对数平均值总小于算术平均值。当 $x_1/x_2 \leqslant 2$ 时，可以用算术平均值代替对数平均值。

介绍上述平均值的目的是要从一组测量值中找出最接近真值的那个值。在科学研究中，数据的分布多属于正态分布，所以通常采用算术平均值。

2. 误差的分类

误差是指实验测量值（包括直接和间接测量值）与真值（客观存在的确定值）之差，偏差是指实验测量值与平均值之差，但习惯上通常将两者混淆而不加以区别。根据误差的性质和产生的原因，误差一般分为以下三类。

（1）系统误差。

系统误差是指在测量和实验中未发觉或未确认的因素所引起的误差，而这些因素影响结果永远朝一个方向偏移，其大小及符号在同一组实验测定中完全相同，当实验条件一经确定，系统误差就获得一个客观上的恒定值。

系统误差产生的原因有：测量仪器不良，如刻度不准、仪表零点未校正或标准表本身存在偏差等；周围环境改变，如温度、压力、湿度等偏离校准值；实验人员的习惯和偏向不同，如读数偏高或偏低等。由于这类误差是某种特殊原因造成的恒定偏差，其数值总可设法确定，因此一般情况下，它们对测量结果的影响可用改正量来校正，即系统误差是可以消除的。

系统误差决定测量结果的准确度。它恒偏于一方，偏正或偏负，增加测量次数并不能使之消除。通常，用几种不同的实验技术或用不同的实验方法或改变实验条件、调换仪器等判断有无系统误差存在，并确定其性质，设法消除或使之减小，以提高准确度。

（2）偶然误差。

在相同条件下，每次测量的误差的大小、正负不一定，没有确定的规律，这类误差称为偶然误差或随机误差。偶然误差产生的原因不明，因而无法控制和补偿，主要表现在测量结果的分散性。但是，倘若对某一个量进行足够多的等精度测量，就会发现偶然误差完全服从统计规律，误差的大小或正负完全由概率决定。随着测量次数的增加，偶然误差的算术平均值趋近于零，所以多次测量结果的算数平均值将更接近于真值。在误差理论中，常用精密度来表征偶然误差的大小。偶然误差越大，精密度越低。

（3）过失误差。

过失误差是一种显然与事实不符的误差，它往往由实验人员粗心大意、过度疲劳和操作不当等引起的。此类误差无规律可循，加强责任感、细心操作，过失误差是可以避免的。过失误差往往与正常值相差很大，应该在整理数据时加以剔除。

3. 精密度、准确度和精确度

反映测量结果与真值接近程度的量，称为精度（亦称精确度），它反映测量中所有系统误差和偶然误差综合的影响程度。它与误差大小对应，测量的精度越高，其测量误差就越小。精确度应包括精密度和准确度两层含义。

（1）精密度　测量中测得数值的重现性的程度，称为精密度。它反映偶然误差的影响程度，精密度高表示偶然误差小。

（2）准确度　测量值与真值的偏移程度，称为准确度。它反映系统误差的影响精度，准确度高就表示系统误差小。

在一组测量中，精密度高的准确度不一定高，准确度高的精密度也不一定高，但精确度高的精密度和准确度都高。

为了说明精密度与准确度的区别，可用打靶的例子来说明，如图 A-1 所示。

附图 A-1(a)表示精密度和准确度都很高，则精确度高；图 A-1(b)表示精密度很高，但准确度不高；图 A-1(c)表示精密度与准确度都不高。在实际测量中没有像靶心那样明确的真值，而是设法去测定这个未知的真值。

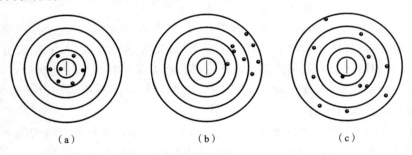

$$(a) \qquad\qquad (b) \qquad\qquad (c)$$

图 A-1　精密度和准确度的关系

4. 误差的表示方法

利用任何量具或仪器进行测量时，总存在误差，测量结果总是不可能准确地等于被测量的真值，而只是它的近似值。测量的质量以测量的精确度为指标，根据测量误差的大小来估计测量的精确度。如果测量结果的误差愈小，则认为测量就愈精确。

（1）绝对误差　测量值 X 和真值 A_0 之差为绝对误差，通常称为误差，记为

$$D = X - A_0 \tag{A-5}$$

由于真值 A_0 一般无法求得，因此式(A-5)只有理论意义。常用高一级标准仪器的示值作为实际值 A 以代替真值 A_0。由于高一级标准仪器存在较小的误差，因此 A

不等于 A_0，但比 X 更接近于 A_0。X 与 A 之差称为仪器的示值绝对误差，记为

$$d = X - A \qquad (A-6)$$

与 d 相反的数称为修正值，记为

$$C = -d = A - X \qquad (A-7)$$

通过检定，可以由高一级标准仪器给出被检仪器的修正值 C。利用修正值便可以求出该仪器的实际值 A，即

$$A = X + C \qquad (A-8)$$

（2）相对误差　衡量某一测量值的准确程度，一般用相对误差来表示。绝对误差 d 与被测量的实际值 A 的百分比称为实际相对误差，记为

$$\delta_A = \frac{d}{A} \times 100\% \qquad (A-9)$$

以仪器的示值 X 代替实际值 A 的相对误差称为示值相对误差，记为

$$\delta_X = \frac{d}{X} \times 100\% \qquad (A-10)$$

一般来说，除了某些理论分析外，用示值相对误差较为合适。

（3）引用误差　为了计算和划分仪表精确度等级，提出引用误差概念。其定义为仪表的示值绝对误差与量程范围的百分比。

$$\delta_A = \frac{\text{示值绝对误差}}{\text{量程范围}} \times 100\% = \frac{d}{X_n} \times 100\% \qquad (A-11)$$

式中：d 为示值绝对误差；X_n 为标尺上限值－标尺下限值。

（4）算术平均误差　算术平均误差是各个测点的误差绝对值的算术平均值，是表示一系列测量值误差的较好方法之一。

$$\delta_{\Psi} = \frac{\sum |d_i|}{n}, \quad i = 1, 2, \cdots, n \qquad (A-12)$$

式中：n 为测量次数；d_i 为第 i 次测量的误差。

（5）标准误差　标准误差称为均方根误差。其定义为

$$\sigma = \sqrt{\frac{\sum d_i^2}{n}} \qquad (A-13)$$

式（A-13）应用于无限测量的场合。实际测量工作中，测量次数是有限的，则改用：

$$\sigma = \sqrt{\frac{\sum d_i^2}{n-1}} \qquad (A-14)$$

标准误差不是一个具体的误差，σ 的大小只说明在一定条件下等精度测量集合所属的每一个测量值对其算术平均值的分散程度。如果 σ 小，则说明每一次测量值对其算术平均值分散度小，测量的精度高；反之，精度低。

二、有效数字及其运算规则

在科学与工程中，该用几位有效数字来表示测量或计算结果，总是以一定位数的

数字来表示。这并不是说一个数值中小数点后面位数越多越准确。实验中从测量仪表上所读数值的位数是有限的,取决于测量仪表的精度,其最后一位数字往往是仪表精度所决定的估计数字,即一般应读到测量仪表最小刻度的十分之一位。数值准确度由有效数字的位数决定。

1. 有效数字的位数

有效数字是指在表达一个数量时,其中的每一个数字都是准确的、可靠的,只允许保留最后一位估计数字,这个数量的每一个数字为有效数字。

(1) 纯粹理论计算的结果:如 π、$\sqrt{2}$ 等,它们可以根据需要保留任意位数的有效数字,如 π 可以取 3.14、3.141、3.1415、3.14159 等。因此,这一类数量的有效数字的位数是无限制的。

(2) 测量得到的结果:这一类数量的末一位数字往往是估计得来的,因此具有一定的误差和不确定性。一般要求测量值有效数字的位数为 4 位。要注意有效数字不一定都是可靠数字。例如,测流体阻力所用的 U 形管压差计,最小刻度是 1 mm,但我们可以读到 0.1 mm;又如,二等标准温度计的最小刻度为 0.1 ℃,我们可以读到 0.01 ℃。如果有效数字的位数为四位,而可靠数字只有三位,则最后一位是不可靠的,称为可疑数字。记录测量值时只保留一位可疑数字。

在鉴别有效数字时,数字 0 可以是有效数字,也可以不是有效数字。例如,我们用 0.02 mm 精度的游标卡尺测量试样直径,得到 10.08 mm 和 10.10 mm,这里的 0 都是有效数字。在测量一个杆件长度时得到 0.00320 m,这时前面三个 0 均非有效数字,因为这些 0 只与所取的单位有关,而与测量的精确度无关。如果采用毫米作单位,则前面的三个 0 完全消失,变为 3.20 mm,故有效数字的位数是三位。又如,0.0037 只有两位有效数字,而 370.0 则有四位有效数字。

为了清楚地表示数值的精度,明确读出有效数字位数,常用指数的形式表示,即写成一个小数与相应 10 的整数幂的乘积。这种以 10 的整数幂来记数的方法称为科学记数法。

示例:

75200　　　有效数字的位数为 4 位时,记为 7.520×10^5
　　　　　　有效数字的位数为 3 位时,记为 7.52×10^5
　　　　　　有效数字的位数为 2 位时,记为 7.5×10^5

0.00478　　有效数字的位数为 4 位时,记为 4.780×10^{-3}
　　　　　　有效数字的位数为 3 位时,记为 4.78×10^{-3}
　　　　　　有效数字的位数为 2 位时,记为 4.8×10^{-3}

(3) 自变量 x 和因变量 y 数字位数的取法:因变量 y 的数字位数取决于自变量 x。凡数值是根据理论计算得来的,则可以认为因变量 y 的有效数字位数为无限制的,可以根据需要来选取;若因变量 y 的数值取决于自变量 x 时,因为自变量 x 在测定时有误差,则其有效数字取决于实验的精确度。例如,测量拉伸试样的工作直径,其名义值为 10 mm,若用游标卡尺测量,因为其精确度为 0.02 mm,则试样直径的有效数字可以是 10.01、10.02、10.03,也可以是 9.99、9.98、9.97 等。根据直径计算的试样横截面积为三位有效数字,再根据实验测得的载荷量计算屈服极限和强度极限,这些应力值的有效数字位数最多为三位。

2. 有效数字运算规则

(1) 记录测量值时,只保留一位可疑数字。

(2) 参与运算的物理常量或常数(如 π),保留的位数比运算数据中位数最少的多一位即可。

(3) 当有效数字位数确定后,其余数字一律舍弃。舍弃办法是四舍六入五考虑,即末位有效数字后边第一位小于 5,则舍弃不计;大于 5 则在前一位数上增 1;等于 5 时,前一位为奇数,则进 1 为偶数,前一位为偶数,则舍弃不计。这种舍入原则可简述为:小则舍,大则入,正好等于奇变偶。例如,保留 4 位有效数字:

$$3.71729 \rightarrow 3.717$$
$$5.14285 \rightarrow 5.143$$
$$7.62356 \rightarrow 7.624$$
$$9.37656 \rightarrow 9.376$$

(4) 在加减计算中,各数所保留的位数,应与各数中小数点后位数最少的相同。例如,将 24.65、0.0082、1.632 三个数字相加时,应写为 24.65+0.01+1.63=26.29。

(5) 在乘除运算中,各数所保留的位数,以各数中有效数字位数最少的那个数为准;其结果的有效数字位数亦应与原来各数中有效数字位数最少的那个数相同。例如,0.0121×25.64×1.05782 应写成 0.0121×25.6×1.06=0.328。

(6) 在对数计算中,所取对数位数应与真数有效数字位数相同。

(7) 乘方和开方运算同乘除运算。

三、间接测量函数的误差传递

在测量中,有些物理量是能直接测量的,如长度、时间等,有些物理量是不能直接测量的。对于这些不能直接测量的物理量,必须通过一些能直接测得的数据,依据一定的公式计算才能得到。例如,要测定材料的弹性模量 E,首先须测量试样的横截面面积 A、长度 L、载荷 F 及变形量 ΔL,然后由公式 $E = \dfrac{FL}{A\Delta L}$ 来计算 E。这个公式中每一个物理量都有自身误差,因此必会导致 E 产生误差。那么如何根据各物理量的误差来估计函数的误差呢?误差的传递就是用来讨论这方面问题的。

间接测量值是由几个直接测量值按一定的函数关系计算得到的。由于直接测量值有误差,因此间接测量值必然存在误差,其测量误差是各个直接测量值误差的函数，即误差的传递。

1. 函数误差的一般形式

设有一间接测量值 y，y 是直接测量值 x_1，x_2，$\cdots$，x_n 的函数，表示为

$$y = f(x_1, x_2, \cdots, x_n) \tag{A-15}$$

由泰勒级数展开得

$$\Delta y = \left| \frac{\partial f}{\partial x_1} \Delta x_1 \right| + \left| \frac{\partial f}{\partial x_2} \Delta x_2 \right| + \cdots + \left| \frac{\partial f}{\partial x_n} \Delta x_n \right| \tag{A-16}$$

或

$$\Delta y = \sum_{i=1}^{n} \left| \frac{\partial f}{\partial x_i} \Delta x_i \right|$$

式中：$\dfrac{\partial f}{\partial x_i}$ 为误差传递系数；Δx_i 为直接测量值的误差；Δy 为间接测量值的最大绝对误差。

此为绝对误差的传递公式，它表明间接测量值或函数的误差为各直接测量值的误差之和，而分误差取决于直接测量误差 Δx_i 和误差传递系数 $\dfrac{\partial f}{\partial x_i}$，其最大绝对误差为

$$\Delta y_i = \left| \frac{\partial f}{\partial x_i} \Delta x_i \right| \tag{A-17}$$

函数的相对误差 δ 为

$$\delta = \frac{\Delta y}{y} = \left| \frac{\partial f}{\partial x_1} \frac{\Delta x_1}{y} \right| + \left| \frac{\partial f}{\partial x_2} \frac{\Delta x_2}{y} \right| + \cdots + \left| \frac{\partial f}{\partial x_n} \frac{\Delta x_n}{y} \right|$$

$$= \left| \frac{\partial f}{\partial x_1} \delta_1 \right| + \left| \frac{\partial f}{\partial x_2} \delta_2 \right| + \cdots + \left| \frac{\partial f}{\partial x_n} \delta_n \right| \tag{A-18}$$

式（A-18）中各分误差取绝对值，从最保险的角度出发，不考虑误差实际上有抵消的可能，此时函数的误差为最大值。

2. 某些函数误差的计算

（1）函数 $y = x \pm z$ 的最大绝对误差和最大相对误差。

由于误差传递系数 $\dfrac{\partial f}{\partial x} = 1$，$\dfrac{\partial f}{\partial z} = \pm 1$，则函数最大绝对误差为

$$\Delta y = \pm (|\Delta x| + |\Delta z|) \tag{A-19}$$

最大相对误差为

$$\delta_r = \frac{\Delta y}{y} = \pm \frac{|\Delta x| + |\Delta z|}{x + z} \tag{A-20}$$

（2）函数 $y = K \dfrac{xz}{w}$ 的最大绝对误差和最大相对误差。

误差传递系数为

$$\frac{\partial y}{\partial x} = \frac{Kz}{w}$$

$$\frac{\partial y}{\partial z} = \frac{Kx}{w}$$

$$\frac{\partial y}{\partial w} = -\frac{Kxz}{w^2}$$

该函数的最大绝对误差为

$$\Delta y = \left|\frac{Kz}{w}\Delta x\right| + \left|\frac{Kx}{w}\Delta z\right| + \left|\frac{Kxz}{w^2}\Delta w\right| \tag{A-21}$$

该函数的最大相对误差为

$$\delta_r = \frac{\Delta y}{y} = \left|\frac{\Delta x}{x}\right| + \left|\frac{\Delta z}{z}\right| + \left|\frac{\Delta w}{w}\right| \tag{A-22}$$

某些常用函数的最大绝对误差和最大相对误差如表 A-1 所示。

表 A-1　某些常用函数的最大绝对误差和最大相对误差

函　数	误差传递公式	
	最大绝对误差 Δy	最大相对误差 δ_r
$y = x_1 + x_2 + x_3$	$\Delta y = \pm(\lvert\Delta x_1\rvert + \lvert\Delta x_2\rvert + \lvert\Delta x_3\rvert)$	$\delta_r = \Delta y / y$
$y = x_1 + x_2$	$\Delta y = \pm(\lvert\Delta x_1\rvert + \lvert\Delta x_2\rvert)$	$\delta_r = \Delta y / y$
$y = x_1 x_2$	$\Delta y = \pm(\lvert x_1\Delta x_2\rvert + \lvert x_2\Delta x_1\rvert)$	$\delta_r = \pm\left(\left\lvert\dfrac{\Delta x_1}{x_1} + \dfrac{\Delta x_2}{x_2}\right\rvert\right)$
$y = x_1 x_2 x_3$	$\Delta y = \pm(\lvert x_1 x_2\Delta x_3\rvert + \lvert x_1 x_3\Delta x_2\rvert + \lvert x_2 x_3\Delta x_1\rvert)$	$\delta_r = \pm\left(\left\lvert\dfrac{\Delta x_1}{x_1} + \dfrac{\Delta x_2}{x_2} + \dfrac{\Delta x_3}{x_3}\right\rvert\right)$
$y = x^n$	$\Delta y = \pm(nx^{n-1}\Delta x)$	$\delta_r = \pm\left(n\left\lvert\dfrac{\Delta x}{x}\right\rvert\right)$
$y = \sqrt[n]{x}$	$\Delta y = \pm\left(\dfrac{1}{n}x^{\frac{1}{n}-1}\Delta x\right)$	$\delta_r = \pm\left(\dfrac{1}{n}\left\lvert\dfrac{\Delta x}{x}\right\rvert\right)$
$y = x_1 / x_2$	$\Delta y = \pm\left(\dfrac{x_2\Delta x_1 + x_1\Delta x_2}{x_2^2}\right)$	$\delta_r = \pm\left(\left\lvert\dfrac{\Delta x_1}{x_1} + \dfrac{\Delta x_2}{x_2}\right\rvert\right)$
$y = cx$	$\Delta y = \pm\lvert c\Delta x\rvert$	$\delta_r = \pm\left(\left\lvert\dfrac{\Delta x}{x}\right\rvert\right)$
$y = \lg x$	$\Delta y = \pm\left\lvert 0.4343\dfrac{\Delta x}{x}\right\rvert$	$\delta_r = \Delta y / y$
$y = \ln x$	$\Delta y = \pm\left\lvert\dfrac{\Delta x}{x}\right\rvert$	$\delta_r = \Delta y / y$

四、实验数值修约

测量结果及其不确定度同所有数据一样都只取有限位,多余的位应予修约。修约采用国家标准《数值修约规则与极限数值的表示和判定》GB/T 8170—2008。

最终测量结果应不再含有可修正的系统误差。

力学实验所测定的各项性能指标及测试结果的数值一般是通过测量和运算得到的。由于计算的特点,其结果往往出现多位或无穷多位数字。但这些数字并不是都具有实际意义。在表达和书写这些数值时必须对它们进行修约。对数值进行修约之前应明确保留几位有效数字,也就是说应修约到哪一位数。性能数值的有效位数主要取决于测试的精确度。例如,某一性能数值的测试精确度为 $\pm 1\%$,则计算结果保留 4 位或 4 位以上有效数字显然没有实际意义,夸大了测量的精确度。在力学性能测试中测量系统的固有误差和方法误差决定了性能数值的有效数字的位数。

附录 B　量的国际单位制单位及换算

1. 量的国际单位制(SI)

量	SI 单位符号	SI 单位名称
长度	m	米
质量	kg	千克
力	N	牛[顿]
时间	s	秒
能[量]	J	焦[耳]
压强	Pa	帕[斯卡]
功率	W	瓦[特]
力矩	N·m	牛[顿]米
速度	m/s	米每秒
加速度	m/s²	米每二次方秒
角频率	rad/s	弧度每秒

2. 高斯单位制(CGS)与 SI 的换算

CGS	SI
1 kgf(千克力)	9.80665 N($\approx$9.81 N)
1 kgf·m	9.80665 J($\approx$9.81 J)
1 kgf/cm²	98066.5 Pa

3. 美国单位制(USCS)与 SI 的换算

USCS	SI
1 ft(英尺)	0.3048 m($\approx$0.305 m)
1 in(英寸)	25.4 mm
1 mi(英里)	1.61 km
1 lb(磅)	0.45359237 kg

附录 C　力学相关实验报告

C.1　理论力学仿真分析实验报告

Ⅰ　承载结构的静力学平衡分析实验报告

专业班级：_____　姓名：_____　学号：_____　组号：_____

指导教师：_____

实验日期：_____年_____月_____日

一、实验目的

二、实验设备

三、实验数据记录及结果处理(保留至小数点后两位)

分力/N	铰号			主动力
	1	2	3	
F_X				
F_Y				9.8 N
F_Z				
合力	9.8 N			

四、问题讨论

Ⅱ　曲柄滑块机构的运动学分析实验报告

专业班级：_____　姓名：_____　学号：_____　组号：_____

指导教师：_____

实验日期：_____ 年 _____ 月 _____ 日

一、实验目的

二、实验设备

三、实验数据记录及结果处理(保留至小数点后两位)

时间 t/s	滑块坐标 x /cm	滑块速度 v /(cm/s)	滑块加速度 a /(cm/s^2)	连杆角速度 ω /[(°)/s]	连杆角加速度 α /[(°)/s^2]
0.00					
3.00					
6.00					
9.00					
12.00					
15.00					
18.00					
21.00					
24.00					
27.00					
30.00					

四、问题讨论

Ⅲ　双摆杆机构的动力学分析实验报告

专业班级：_____　姓名：_____　学号：_____　组号：_____

指导教师：_____

实验日期：_____ 年_____ 月_____ 日

一、实验目的

二、实验设备

三、实验数据记录及结果处理（保留至小数点后两位）

时间 t/s	固定铰受力 F_{OX}/N	固定铰受力 F_{OY}/N	杆 1 角速度 $\omega/[(°)/s]$	杆 1 角加速度 $\alpha/[(°)/s^2]$	杆 2 角速度 $\omega/[(°)/s]$	杆 2 角加速度 $\alpha/[(°)/s^2]$
0.00						
3.00						
6.00						
9.00						
12.00						
15.00						
18.00						
21.00						
24.00						
27.00						
30.00						

四、问题讨论

C.2　材料力学实验报告

Ⅰ　拉伸和压缩实验报告

专业班级：＿＿＿＿＿＿＿＿　姓名：＿＿＿＿＿　学号：＿＿＿＿＿　组号：＿＿＿＿＿

指导教师：＿＿＿＿＿＿＿＿

实验日期：＿＿＿＿＿年＿＿＿＿＿月＿＿＿＿＿日

一、实验目的

二、实验设备

三、试样原始尺寸记录

1. 拉伸试样

材料	原始标距 L_0/mm	直径 d_0/mm									最小横截面面积 S_0/mm^2
		截面Ⅰ			截面Ⅱ			截面Ⅲ			
		(1)	(2)	平均	(1)	(2)	平均	(1)	(2)	平均	
低碳钢											
铸铁											

2. 压缩试样

材　料	长度 L/mm	直径 d_0/mm			横截面面积 S_0/mm^2
		(1)	(2)	平均	
低碳钢					
铸铁					

四、实验数据

1. 拉伸实验

材料	弹性模量 E/MPa	最小载荷 F_{sL}/kN	最大载荷 F_b/kN	断后标距 L_1/mm	断裂处最小直径 d_1/mm		
					(1)	(2)	平均
低碳钢							
铸铁	—	—			—	—	—

2. 压缩实验

材 料	屈服载荷 F_{sc}/kN	最大载荷 F_{bc}/kN
低碳钢		—
铸铁	—	

五、作图(定性画,适当注意比例,特征点要清楚并做必要的说明)

受力特征	材料	$F\text{-}\Delta L$ 曲线	断口形状和特征
拉伸	低碳钢		
	铸铁		
压缩	低碳钢		

续表

受力特征	材料	F-ΔL 曲线	断口形状和特征
压 缩	铸 铁		

六、材料拉伸、压缩时力学性能指标计算

指　　　标	低碳钢		铸铁	
	计算公式	计算结果	计算公式	计算结果
下屈服强度 σ_{sL}/MPa			—	—
抗拉强度 σ_b/MPa				
断后伸长率 δ/(%)				
断面收缩率 ψ/(%)			—	—
压缩屈服强度 σ_{sc}/MPa			—	—
抗压强度 σ_{bc}/MPa	—	—		

七、问题讨论

Ⅱ　扭转实验报告

专业班级：_____　姓名：_____　学号：_____　组号：_____

指导教师：_____

实验日期：_____ 年 _____ 月 _____ 日

一、实验目的

二、实验设备

实验装置名称、型号：

测量试样直径的量具名称：　　　　　　　　　　　　　　精度：　　　mm

测量试样长度的量具名称：　　　　　　　　　　　　　　精度：　　　mm

三、实验数据及处理

材料	测量部位	直径 d/mm 沿两正交方向测得的数值	直径 d/mm 平均值	直径 d/mm 最小平均值	抗扭截面系数 W_p/mm³	屈服扭矩 T_s/(N·m)	剪切屈服极限 τ_s/MPa	破坏扭矩 T_b/(N·m)	剪切强度极限 τ_b/MPa
低碳钢	上	1							
		2							
	中	1							
		2							
	下	1							
		2							
铸铁	上	1							
		2							
	中	1							
		2							
	下	1							
		2							

四、作图(定性画,适当注意比例,特征点要清楚并做必要的说明)

材　　料	$T\text{-}\varphi$ 曲线	断口形状和特征
低碳钢		
铸铁		

五、问题讨论

Ⅲ　等强度梁实验报告

专业班级：_____　姓名：_____　学号：_____　组号：_____

指导教师：_____

实验日期：_____ 年 _____ 月 _____ 日

一、实验目的

二、实验设备

三、实验记录及结果

载荷 P/N	应变读数 ε							
	ε_1	$\Delta\varepsilon_1$	ε_2	$\Delta\varepsilon_2$	ε_3	$\Delta\varepsilon_3$	ε_4	$\Delta\varepsilon_4$
—20		—		—		—		—
—40								
—60								
—80								
—100								
		—				—		
平均值	$\Delta\varepsilon_{已知}$				$\Delta\varepsilon_{已知}$			
灵敏度＝ $2\times\Delta\varepsilon_{未知}/\Delta\varepsilon_{已知}$								

四、问题讨论

Ⅳ　纯弯曲梁实验报告

专业班级：_____　姓名：_____　学号：_____　组号：_____

指导教师：_____

实验日期：_____ 年 _____ 月 _____ 日

一、实验目的

二、实验设备

三、实验记录表格

1. 纯弯曲梁装置及应变片布片简图

2. 梁及弯曲装置尺寸参数（单位：cm）

3. 测点位置

测 点 编 号	1	2	3	4	5
测点至中性层的距离 y/mm					

4. 实验记录

载荷 P/N	应变读数 ε											泊松比 $\mu = \varepsilon_6/\varepsilon_5$
	ε_1	$\Delta\varepsilon_1$	ε_2	$\Delta\varepsilon_2$	ε_3	$\Delta\varepsilon_3$	ε_4	$\Delta\varepsilon_4$	ε_5	$\Delta\varepsilon_5$	ε_6	$\Delta\varepsilon_6$	
−500		—		—		—		—		—		—	
−1000													
−1500													
−2000													
−2500													
							—		—		—		
$\Delta\varepsilon_{实}$													

载荷增量 $\Delta P =$　　　　　　　　　　N

弯矩增量 $\Delta M = \dfrac{1}{2}\Delta P \cdot a =$　　　　　N·m

四、实验结果的处理

1. 比较实测应力分布曲线与理论应力分布曲线

根据应变实测记录表中各点的实测应力值,描绘实测点。同时,画出理论应力分布曲线(用两种颜色不同的笔)。

2. 实验值与理论值的误差

测 点 编 号	1	2	3	4	5
$\Delta\varepsilon_{实}$					
$\overline{\Delta\sigma_{实}} = E\Delta\varepsilon_{实}$					
$\overline{\Delta\sigma_{理}} = \dfrac{\Delta M \cdot y}{I_z}$					
$e = \dfrac{\overline{\Delta\sigma_{理}} - \overline{\Delta\sigma_{实}}}{\overline{\Delta\sigma_{理}}} \times 100\%$					

五、问题讨论

V　弯扭组合梁实验报告

专业班级：＿＿＿＿＿＿＿＿＿＿　姓名：＿＿＿＿＿＿　学号：＿＿＿＿＿＿　组号：＿＿＿＿＿＿

指导教师：＿＿＿＿＿＿＿＿＿＿

实验日期：＿＿＿＿＿＿年＿＿＿＿＿＿月＿＿＿＿＿＿日

一、实验目的

二、实验设备

三、实验记录

载荷 P/N	应变读数 ε											
	ε_1	$\Delta\varepsilon_1$	ε_2	$\Delta\varepsilon_2$	ε_3	$\Delta\varepsilon_3$	ε_4	$\Delta\varepsilon_4$	ε_5	$\Delta\varepsilon_5$	ε_6	$\Delta\varepsilon_6$
0		—										
−200												
−400												
−600												
−800												
−1000	—		—		—		—					
$\Delta\varepsilon_{实}$												

四、实验结果

测 点 编 号	1	2
主应力　$\sigma_1 = \dfrac{\sigma_x + \sigma_y}{2} + \sqrt{\left(\dfrac{\sigma_x - \sigma_y}{2}\right)^2 + \tau_x^2}$		
主应力　$\sigma_3 = \dfrac{\sigma_x + \sigma_y}{2} - \sqrt{\left(\dfrac{\sigma_x - \sigma_y}{2}\right)^2 + \tau_x^2}$		
主方向　$\tan(-2\alpha_0) = \dfrac{2\tau_x}{\sigma_x - \sigma_y}$		

五、问题讨论

VI　同心拉杆实验报告

专业班级：_____　姓名：_____　学号：_____　组号：_____

指导教师：_____

实验日期：_____ 年_____ 月_____ 日

一、实验目的

二、实验设备

三、实验记录

载荷 P/N	200	400	600	800	1000
应变读数					
$\Delta\varepsilon$	—				
$\overline{\Delta\varepsilon}$					
A/m^2					
E/Pa					

四、问题讨论

Ⅶ　偏心拉杆实验报告

专业班级：＿＿＿＿＿＿＿＿＿　姓名：＿＿＿＿＿＿　学号：＿＿＿＿＿　组号：＿＿＿＿＿

指导教师：＿＿＿＿＿＿＿＿＿

实验日期：＿＿＿＿＿年＿＿＿＿＿月＿＿＿＿＿日

一、实验目的

二、实验设备

三、实验结果处理

1. 计算弹性模量

将三组数据参考下表做初步处理，从中找出线性关系最好的一组。

i	$i \cdot \Delta P / \text{N}$	第一组		第二组		第三组	
		ε_{dui}	$\Delta\varepsilon_{dui}$	ε_{dui}	$\Delta\varepsilon_{dui}$	ε_{dui}	$\Delta\varepsilon_{dui}$
0	500		—		—		—
1	1000						
2	1500						
3	2000						
4	2500						

注：$\Delta\varepsilon_{dui} = \varepsilon_{dui} - \varepsilon_{dui-1}, i = 1, 2, 3, 4$。

弹性模量 E 数据处理列表

$b=30$ mm		$t=5$ mm	$\Delta P=500$ N	$\alpha=2$
i	ε_{dui}	i^2		$i\varepsilon_{dui}$
0				
1				
2				
3				
4				
$\sum$				

2. 计算偏心距 e

偏心距 e 数据处理列表

$b=30$ mm		$t=5$ mm		$W_z=$　　　mm³
$\alpha=$		$\Delta P=500$ N		
ε_{dui}	1	2	3	平均值
偏心距 e				

四、问题讨论

Ⅷ 压杆实验报告

专业班级：_____ 姓名：_____ 学号：_____ 组号：_____

指导教师：_____

实验日期：_____ 年_____ 月_____ 日

一、实验目的

二、实验设备

三、实验记录

计算压杆横截面最小惯性矩：

$$I_{\min} = \frac{hb^3}{12}, \quad h > b$$

计算细长压杆临界力：

$$P_{cr理} = \frac{\pi^2 E I_{\min}}{(\mu L)^2}$$

计算相对误差：

$$\frac{P_{cr理} - P_{cr实}}{P_{cr理}} \times 100\%$$

垂直位移量 /mm	0.02	0.02	0.02	0.02	0.02	0.01	0.01	0.01	0.01	0.01
载荷 P/N										
$P_{cr理}$/N		$P_{cr实}$/N				$\dfrac{P_{cr理} - P_{cr实}}{P_{cr理}} \times 100\%$				

四、问题讨论

Ⅸ　叠梁实验报告

专业班级：＿＿＿＿＿＿＿＿　姓名：＿＿＿＿　学号：＿＿＿＿　组号：＿＿＿＿

指导教师：＿＿＿＿＿＿＿＿

实验日期：＿＿＿＿年＿＿＿＿月＿＿＿＿日

一、实验目的

二、实验设备

三、实验记录及实验结果的处理

几何参数表

1～4 号应变片至中性层的距离/mm			
Y_1	Y_2	Y_3	Y_4

实验数据表

载荷 P/kN	1# 应变片		2# 应变片		3# 应变片		4# 应变片	
	ε	$\Delta\varepsilon$	ε	$\Delta\varepsilon$	ε	$\Delta\varepsilon$	ε	$\Delta\varepsilon$
500		—		—		—		—
1000								
1500								
2000								
2500								
	—		—		—		—	
$\Delta\varepsilon$ 平均								

计算结果表

应变片号	1	2	3	4
应力理论值/MPa				
应力实测值/MPa				
相对误差/(%)				

四、问题讨论

C. 3　流体力学实验报告

Ⅰ　雷诺实验报告

专业班级：＿＿＿＿＿＿＿＿＿　姓名：＿＿＿＿＿＿　学号：＿＿＿＿＿＿　组号：＿＿＿＿＿＿

指导教师：＿＿＿＿＿＿＿＿＿

实验日期：＿＿＿＿＿　年＿＿＿＿＿　月＿＿＿＿＿　日

一、实验目的

二、实验设备

三、实验数据记录及结果处理（保留至小数点后两位）

计量水箱面积 $S=$＿＿＿＿＿＿＿ cm^2，水温 $t=$＿＿＿＿＿＿＿ ℃，$d=$＿＿＿＿＿＿＿ cm，水的运动黏度系数 $\nu=$＿＿＿＿＿＿＿ m^2/s。

紊流→层流实验数据记录表

次数 （紊流→层流）	盛水 时间 T/s	水箱液面 初始高度 h_0/cm	水箱液面 总高度 h/cm	流体体积 $V_t=S(h-h_0)$ m^3	流量 $Q=V_t/T$ m^3/s	流速 $v=4Q/(\pi d^2)$ m/s	雷诺数 $Re=vd/\nu$
1							
2							
3							
下临界雷诺 数平均值							

层流→紊流实验数据记录表

次数 （层流→紊流）	盛水 时间 T/s	水箱液面 初始高度 h_0/cm	水箱液面 总高度 h/cm	流体体积 $V_t = S(h - h_0)$ m^3	流量 $Q = V_t/T$ m^3/s	流速 $v = 4Q/(\pi d^2)$ m/s	雷诺数 $Re = vd/\nu$
1							
2							
3							
上临界雷诺 数平均值							

四、问题讨论

Ⅱ　能量方程实验报告

专业班级：＿＿＿＿＿＿＿＿　姓名：＿＿＿＿＿　学号：＿＿＿＿＿　组号：＿＿＿＿＿

指导教师：＿＿＿＿＿＿＿＿

实验日期：＿＿＿＿＿　年＿＿＿＿＿　月＿＿＿＿＿　日

一、实验目的

二、实验设备

三、实验数据记录及结果处理(保留至小数点后两位)

各测压管读数记录($z+p/\gamma$)表

阀门状态	测压管 1 读数/cm	测压管 2 读数/cm	测压管 3 读数/cm	测压管 4 读数/cm	测压管 5 读数/cm	测压管 6 读数/cm	测压管 7 读数/cm	测压管 8 读数/cm
关闭	各管读数相同,液面高度均为＿＿＿＿＿							
开度 1								
开度 2								
开度 3								

体积法测流速实验数据记录表

阀门状态	盛水时间 T/s	水箱液面初始高度 h_0/cm	水箱液面总高度 h/cm	流体体积 $V_t=S(h-h_0)$ cm^3	流量 $Q=V_t/T$ cm$^3/s$	流速 $v=4Q/(\pi d^2)$ cm/s	
						截面 Ⅰ(v_1)	截面 Ⅱ(v_2)
开度 1							
开度 2							
开度 3							

毕托管测流速实验数据记录表

阀门状态	截面 I (1—2)			截面 I (5—6)			截面 I (7—8)			截面 II (3—4)		
	H_1-H_2 /cm	u_{max} /(cm/s)	v /(cm/s)	H_5-H_6 /cm	u_{max} /(cm/s)	v /(cm/s)	H_7-H_8 /cm	u_{max} /(cm/s)	v /(cm/s)	H_3-H_4 /cm	u_{max} /(cm/s)	v /(cm/s)
开度 1												
开度 2												
开度 3												

验证黏性流体的能量方程实验数据记录表 (实验值)

阀门状态	各截面总水头 H_i/cm				各截面间水头损失 h_L/cm					
	1—2 (H_1)	3—4 (H_3)	5—6 (H_5)	7—8 (H_7)	h_{L1-3} (H_1-H_3)	h_{L1-5} (H_1-H_5)	h_{L1-7} (H_1-H_7)	h_{L3-5} (H_3-H_5)	h_{L3-7} (H_3-H_7)	h_{L5-7} (H_5-H_7)
开度 1										
开度 2										
开度 3										

验证黏性流体的能量方程实验数据记录表 (理论值)

阀门状态	各截面总水头 H_i/cm				各截面间水头损失 h_L/cm					
	1—2 $[H_2+ v_1^2/(2g)]$	3—4 $[H_4+ v_2^2/(2g)]$	5—6 $[H_6+ v_1^2/(2g)]$	7—8 $[H_8+ v_1^2/(2g)]$	h_{L1-3}	h_{L1-5}	h_{L1-7}	h_{L3-5}	h_{L3-7}	h_{L5-7}
开度 1										
开度 2										
开度 3										

四、问题讨论

Ⅲ　动量方程实验报告

专业班级：＿＿＿＿＿＿＿＿　姓名：＿＿＿＿＿　学号：＿＿＿＿＿　组号：＿＿＿＿＿

指导教师：＿＿＿＿＿＿＿＿

实验日期：＿＿＿＿＿　年＿＿＿＿＿　月＿＿＿＿＿　日

一、实验目的

二、实验设备

三、实验数据记录及结果处理（保留至小数点后两位）

活塞直径 $D=$ ＿＿＿＿＿＿ cm。

动量修正系数记录表

次数	管嘴作用水头 H_0/cm	活塞作用水头 h_c/cm	流量 Q /(cm³/s)	速度 v_{1x} /(cm/s)	动量修正系数 $\beta_1 = \dfrac{g h_c \pi D^2}{4Q v_{1x}}$	动量修正系数平均值
1						
2						
3						
4						
5						

四、问题讨论

Ⅳ　沿程水头损失实验报告

专业班级：＿＿＿＿＿＿＿＿＿＿　姓名：＿＿＿＿＿＿　学号：＿＿＿＿＿＿　组号：＿＿＿＿＿＿

指导教师：＿＿＿＿＿＿＿＿＿＿

实验日期：＿＿＿＿＿ 年＿＿＿＿＿＿ 月＿＿＿＿＿ 日

一、实验目的

二、实验设备

三、实验数据记录及结果处理(保留至小数点后两位)

计量水箱面积 $S=$＿＿＿＿＿＿＿ cm^2，水温 $t=$＿＿＿＿＿＿＿ ℃，水的密度 $\rho=$＿＿＿＿＿＿＿ kg/m^3，水的运动黏度系数 $\nu=$＿＿＿＿＿＿＿ m^2/s，管道内径 $d=$＿＿＿＿＿＿＿ cm，两截面间长度 $l=$＿＿＿＿＿＿＿ cm。

h_f 与 v 以及 Re 与 λ 的实验数据记录表

次数	盛水时间 T/s	水箱液面初始高度 h_0 /cm	水箱液面最终高度 h /cm	流体体积 $V_t=S(h-h_0)$ cm^3	流量 $Q=V_t/T$ cm^3/s	平均流速 $v=4Q/(\pi d^2)$ cm/s	$Re=vd/\nu$	测压管读数 h_1 /cm	测压管读数 h_2 /cm	沿程水头损失 $h_f=\Delta h$ cm	$\lambda=\dfrac{d}{l}\dfrac{2g}{v^2}h_f$
1											
2											
3											
4											
5											

续表

次数	盛水时间 T/s	水箱液面初始高度 h_0 /cm	水箱液面最终高度 h /cm	流体体积 $V_t=S(h-h_0)$ cm³	流量 $Q=V_t/T$ cm³/s	平均流速 $v=4Q/(\pi d^2)$ cm/s	$Re=vd/\nu$	测压管读数 h_1 /cm	测压管读数 h_2 /cm	沿程水头损失 $h_f=\Delta h$ cm	$\lambda=\dfrac{d}{l}\dfrac{2g}{v^2}h_f$
6											
7											
8											
9											
10											

四、问题讨论

V　局部水头损失实验报告

专业班级：＿＿＿＿＿＿＿＿＿＿　姓名：＿＿＿＿＿＿　学号：＿＿＿＿＿　组号：＿＿＿＿＿

指导教师：＿＿＿＿＿＿＿＿＿＿

实验日期：＿＿＿＿＿　年＿＿＿＿＿　月＿＿＿＿＿　日

一、实验目的

二、实验设备

三、实验数据记录及结果处理(保留至小数点后两位)

阀门局部水头损失实验记录及计算表

次数	盛水时间 T/s	水箱液面初始高度 h_0/cm	水箱液面最终高度 h/cm	流体体积 $V_t=S(h-h_0)$ cm^3	流量 $Q=V_t/T$ cm^3/s	流速 $v=4Q/(\pi d^2)$ $\mathrm{cm/s}$	测压管读数/cm		
							1	2	3
1									
2									
3									
4									
5									

注意：阀门开度由全开依次减小。

阀门局部水头损失系数计算表

次数	测压管液面差 $\Delta h/\mathrm{cm}$		阀门前后沿程损失 $h_{f2-3}=\dfrac{l'_{2-3}}{l'_{1-2}}\Delta h_{1-2}$ cm	阀门前后局部损失 $h_{m2-3}=\Delta h_{2-3}-h_{f2-3}$ cm	阀门局部水头损失系数 $\zeta=h_{m2-3}/[v^2/(2g)]$
	Δh_{1-2}	Δh_{2-3}			
1					
2					
3					
4					
5					

突扩、突缩管局部水头损失实验记录及计算表

次数	盛水时间 T/s	水箱液面初始高度 h_0 /cm	水箱液面最终高度 h /cm	流体体积 $V_t=S(h-h_0)$ cm³	流量 $Q=V_t/T$ cm³/s	小管流速 $v_5=4Q/(\pi d^2)$ cm/s	大管流速 $v_2=v_4=4Q/(\pi D^2)$ cm/s	测压管读数 /cm					
								1	2	3	4	5	6
1													
2													
3													

突扩管局部水头损失系数计算表

次数	测压管液面差 Δh/cm		突扩管沿程损失 $h_{f1-2}=\dfrac{l_{1-2}}{l_{2-3}}\Delta h_{2-3}$ cm	小管流速水头 $v_5^2/(2g)$ cm	大管流速水头 $v_2^2/(2g)$ cm	突扩管局部损失 $h_{m1-2}=\Delta h_{1-2}+[v_5^2/(2g)-v_2^2/(2g)]-h_{f1-2}$ cm	突扩管局部水头损失系数 $\zeta=h_{m1-2}/[v_5^2/(2g)]$
	Δh_{1-2}	Δh_{2-3}					
1							
2							
3							

突缩管局部水头损失系数计算表

次数	测压管液面差 Δh/cm			突缩管沿程损失 $h_{f4-5}=\dfrac{l_{4-a}}{l_{3-4}}\Delta h_{3-4}+\dfrac{l_{a-5}}{l_{5-6}}\Delta h_{5-6}$ cm	小管流速水头 $v_5^2/(2g)$ cm	大管流速水头 $v_4^2/(2g)$ cm	突缩管局部损失 $h_{m4-5}=\Delta h_{4-5}+[v_4^2/(2g)-v_5^2/(2g)]-h_{f4-5}$ cm	突缩管局部水头损失系数 $\zeta=h_{m4-5}/[v_5^2/(2g)]$
	Δh_{3-4}	Δh_{4-5}	Δh_{5-6}					
1								
2								
3								

四、问题讨论

Ⅵ 毕托管测速实验报告

专业班级：＿＿＿＿＿＿＿＿ 姓名：＿＿＿＿＿ 学号：＿＿＿＿ 组号：＿＿＿＿

指导教师：＿＿＿＿＿＿＿＿

实验日期：＿＿＿＿ 年＿＿＿＿ 月＿＿＿＿ 日

一、实验目的

二、实验设备

三、实验数据记录及结果处理(保留至小数点后两位)

校正系数 $c=$ ＿＿＿＿＿，$k=$ ＿＿＿＿＿。

毕托管测速实验数据表

实验次序	上、下游水位差/cm			毕托管水头差/cm			测点处流速 u /(cm/s)	测点处流速系数 φ'
	H_1	H_2	ΔH	H_3	H_4	Δh		
1								
2								
3								
4								
5								
6								

四、问题讨论

主要参考文献

[1] 刘颖,宋秋红.工程力学实验实训指导[M].南昌:江西高校出版社,2009.

[2] 刘鸿文,吕荣坤.材料力学实验[M].3版.北京:高等教育出版社,2006.

[3] 范钦珊,王杏根,陈巨兵,等.工程力学实验[M].北京:高等教育出版社,2006.

[4] 同济大学航空航天与力学学院力学实验中心.材料力学教学实验[M].上海:同济大学出版社,2006.

[5] 单辉祖.材料力学(Ⅰ)[M].2版.北京:高等教育出版社,2004.

[6] 哈尔滨工业大学理论力学教研室.理论力学(Ⅰ)[M].6版.北京:高等教育出版社,2002.